身近なモノに
隠された
金属のヒミツ

パパは金属博士

吉村泰治 著

技報堂出版

はじめに

現代はモノがあふれている時代であり、何不自由なく暮らすことができる毎日のため、身近なモノに対してあまり意識せずに接することが多くなっています。日ごろ、何気なく使って、触れている身近なモノ。それを形づくっている素材である「金属」についてはは全くといってよいほど注目されていません。

そこで、本書では、身近なモノを形づくっている「金属」について、どこにでもいそうな父親が家族の知らない「金属の専門家」という一面を生かして四十種の事例を用いて平易に説明します。具体的には、家族との会話形式による導入説明を交えながら「エッ?」「そうなの!」「知らなかった‼」という驚きを提供します。学術的な観点からすれば説明が不十分なところも多々ありますが、いつでも、だれでも、気軽に読むことができる書籍という位置づけでまとめました。それぞれの事例ごとに内容の希少性を表す「レア度」を四段階の☆の数で示してありますので、最初から順番に読んでいただいても構いませんし、レア度を確認しながら気になったページだけをつまみ読みしていただいただいても構いません。

読者の皆さんが、少しでも身の回りにある金属に関心が深まり、より興味を持っていただければ幸いです。

最後に本書出版に当たり、ご協力とご支援を下さった技報堂出版（株）の石井洋平部長および伊藤大樹氏に厚くお礼申し上げます。

吉村泰治

二〇一二年三月

目次

登場人物

ママ

パパとは大学のサークルで知り合って、パパの強い押しもあり（？）そのままゴールイン。理科系の内容にはほとんど興味がなく、パパの仕事内容もほとんど知らない。基本的には日曜日はショッピングを楽しみたい派。趣味は茶道と落ち着いた一面も持つ。

パパ（筆者自身）

メーカーに勤める金属を専門とする研究者。大学時代から金属材料について学び、企業に勤めながら博士号と技術士を取得。家族からの要求（？）でしぶしぶ出掛けたお買い物も、お店ではいつも「この商品は何の金属でできているのだろう？」と考えてしまう金属オタク。

息子

小学六年生。算数が大好きで数字にはメッポウ強い。電化製品にも強く、将来の夢はロボット博士。趣味は空手。学校でもリーダー的存在で、気が優しくて家族思い。

娘

中学三年生。芸術的センスに優れ、将来は芸術家？　趣味はバレエ。色々なことに興味を持ち、何でも知りたがり屋さん。パパの金属のオタクな話題に興味津々！

January - March

冬

ノートパソコンのボディー

レア度　★☆☆☆

まるでプラスチックのように軽い金属

ノートパソコンのボディー

SCENE 01

：そろそろ新しいノートパソコンがほしいな。

：今使っているので十分じゃない？

：今のはインターネットしててものろくって。最近のはインターネットもスイスイだし、なんせ、小型で軽い軽い。出張のときも持ち運び便利だし。

：あなたは研究者だから、テレビに出るようなカッコいいサラリーマンみたいに出張はあんまりないんじゃないの？　それに家のローンもあるわが家では、新しいノートパソコンなんて買えないよ！

：そうだよね・・・。

地球温暖化、省エネルギーに対する意識の高まりから、さまざまな部品の軽量化が図られています。自動車や電車、バイク、飛行機。各メーカーは、さらなる燃費向上を目指して、最大限の努力をしています。人間の持ち物だって同じです。同じ機能であれば、できるだけ軽いほうが持ち運びに便利です。そのため、軽さを追求した商品が数多くあります。ノートパソコンもその一つです。最近のＩＴ技術の進展には目覚しいものがあります。ホテルやファーストフード店でもインターネット接続が簡単にできるので、パソコンさえあればいつでもどこでもすぐに情報を入手することができます。そのため、小型で軽いノートパソコンを携帯する人が多くなってきました。そのパソコンのボディーには「マグネシウム」が使われ始めています。その理由について迫ってみたいと思います。

マグネシウムというと皆さんが思い浮かべるのが、中学校の理科の授業で行った、リボン状のマグネシウムに火をつけて燃やす実験ではないでしょうか？　マグネシウムリボンに火を近づけると、まばゆい光を放ちながら激しく燃え上がります。著者の私も「金属も火を出して燃えちゃうのか！」と、当時驚いた記憶があります。これは、マグネシウムが紙や木と同じように、空気中の酸素と結びついて燃え上がる現象です。このように燃えやすいマグネシウムですが、その燃えやすさは形状によって異なります。リボンのように薄くなく、塊になった厚みのあるマグネシウムは、いくら火を近づけても、表面の熱を素早く逃がしますので、燃え上がることは決してありません。ですから、ボディーにマグネシウムを使ったノートパソコンに、火を近づけても燃え上がりませんので、ご安心ください。

それでは、なぜノートパソコンのボディーに、マグネシウムが使われ始めているのでしょうか？　それには二つの理由があります。一つ目の理由はその軽さです。同じ大きさでも、金属によって重さが異なります。この同じ大きさの物の重さを「密度」といいます。マグネシウムの密度はアルミニウムの三分の二、鉄の四分の一と、構造材に使用できる汎用的な金属の中では、最も軽い金属といえます。そのため、同じ大きさのノートパソコンでも、ボディーをアルミニウムではなくマグネシウムでつくったほうが軽くなるわけです。

二つ目の理由はその強さです。皆さんは、軽い材料としてまず思い浮かべるのは、プラスチックですよね。ポリバケツやペットボトルなど、プラスチックは金属と並んで身近な素材です。しかし、プラスチックは手の力で容易に曲げることができるように、その強度は金属のマグネシウムより劣ります。ですから、仮に同じ厚さのプラスチックでノートパソコンのボディーをつくったとすると、ボディーの強度が低いため、持ち運んでいるときにノートパソコンが変形したり、万が一、ノートパソコンを落としたら、内部データに損傷を与えてしまうかもしれません。

マグネシウムは軽くて強い金属なのでノートパソコンのボディーに使われ始めているのです。最近では、ノートパソコンのボディーに限らず、さまざまな製品のプラスチック部分がマグネシウムに置き換わりつつあります。

でも、軽くて強いマグネシウムにも欠点があります。それは加工性です。マグネシウムはアルミニウムや鉄と違って、変形しにくく、素早く加工しようとすると割れてしまいます。そのため、マグネシウムを加工する際は、熱を加えてじっくりと成形しなければいけません。最近では加工性を大幅に改善したマグネシウムが開発されつつありますので、マグネシウムの用途はさらに広がることでしょう。

と、マグネシウムのよさをいろいろと語れば語るほど、ますます新しいノートパソコンが欲しくなっちゃうよなあ。

《参考文献》

経済産業省ホームページ「マグネシウム産業の現状と課題」
藤井空之『プレス技術』第四十二巻、二〇〇四年二月号
松島　稔『プレス技術』第四十三巻、二〇〇五年七月号
西村　尚『塑性と加工』第五十一巻第五八八号、二〇一〇年

鏡

レア度 ★☆☆☆

高い反射率で実現

SCENE 02

：ヤバッ！　寝坊しちゃった！　このままじゃ学校に遅刻しちゃうよ〜。

：夜更かししてるからでしょ！
髪の毛もボサボサだし早くちゃんとしなさい！

：髪の毛がなかなかまとまらないよ〜　時間がないのに〜（涙）。（鏡の前で）

銀はほかの金属にない独自の白い輝きを有することから、アクセサリーをはじめとする装飾品に使用されています。銀が美しい白い輝きを放つのは、金属の中で一番反射率が高く、可視光線をすべて反射するからです。この銀の美しい白い輝きを利用した日用品があります。それは鏡です。鏡の反射面は銀を使っています。人の姿を映す

だけであれば、銀白色の金属であれば何でもいいように思えますが、そのほかの金属では反射率が低いため、映った人の姿が暗くなってしまいます。日ごろ何げなく使っている鏡。実は銀だからこそ実現しているのですね。

ちなみに、銀は貴金属の中でもさびやすいほうです。銀製のアクセサリーをしばらく使用しないと、光沢がなくなりくすんでしまいますよね。ガラスに銀を付着させた鏡だって同じで、いずれ光沢がなくなり、鏡としての機能を失ってしまいます。そこで、鏡には一工夫されています。それは、ガラスに銀を付着させた後に、銀膜を保護するため銅でコーティングし、さらにさびにくい特殊塗料で上塗りして、銀のくすみを防止しているのです。

日ごろ何げなく人の姿を映し出す鏡。銀特有の反射率の高さと、いつまでもくすまない工夫で美しい妻を美しく映し出していたんですねぇ・・・(笑)。

縫い針

縫い針

レア度 ★★☆☆

よく見れば針先端の形状が違っている！

SCENE 03

：早く起きないから、こんなに慌てないといけないんじゃない。
早くしないと学校に遅れるわよ。早く制服に着替えなさい。

：わかっているよ！
あっ、ブラウスのボタンが取れちゃった！　急いでいるときに！

：慌てるからでしょ！
ボタン付けてあげるから、その間に朝ごはん食べてなさい。

：はーい。

縫い針、釣り針、注射針、ホッチキス針、時計の長針と短針、針金・・・・。「針」という漢字が付くモノは数多くあります。いずれも先端が尖っており、指に刺さったら痛そうなものばかりです。また、「針」にまつわる格言やことわざ、慣用句が日本には幾つもあります。具体的には、「針のむしろ」、「頂門一針」、「針小棒大」などです。指切りげんまんの歌詞に「嘘ついたら針千本飲ます」というのもあります。いずれもあまりよい意味のものはなさそうです。先の尖ったものは危険だからでしょうか。その一方で、ハリセンボン、ハリモグラ、ハリネズミなど、名前に「ハリ(針)」がつく愛嬌のある動物もいます。このように日本語に多く出てくる針ですが、ここでは縫い針について金属の観点から迫ってみたいと思います。

縫い針を家庭で使う機会は少なくなってきているのかもしれませんが、ボタン付けなど縫い針はまだまだ欠かせません。縫い針は大きく和針と洋針の二種類に分けられます。和針は木綿針、絹針、ガス針などがあり、洋針の代表的なものはメリケン針です。

縫い針は、少量の炭素を含む鉄でできており、あの美しい音を奏でるピアノ線と同じ材質です。コイル状に巻かれたピアノ線を一定の長さで切断し、縫い針に加工しています。身近な縫い針ですが、和針と洋針で形状や、長さと太さの関係が異なることをご存知でしたか?

縫い針の先端をよく観察してみると、和針は洋針と比べて先端が尖っており、洋針は丸い形状になっています。すなわち、和針のほうが洋針より布通りがよいことになります。これは、布の厚さや縫い方の違いによるためだそうです。

太さと長さにも秘密があります。それぞれの針の太さと長さの関係を調べると、洋針は太さが太くなるにつれて針の長さも長くなりますが、和針は太くなっても針の長さはほとんど変わりません。このような針の太さや長さの違いも、和針と洋針で縫う布の厚さや縫い方の違いによるのかもしれませんね。

縫い針は尖ったモノ、というように、何事も先入観にとらわれがちです。でも、よく見てみるとちょっとした違いがあることに気づく場合があります。何事も先入観にとらわれず、身近なモノを見直すのもよいかもしれませんね。きっと、新しい発見がありますよ。

針への感謝と裁縫上達の祈りを込めて、やわらかい豆腐やコンニャクに古針・折れた針を刺して供養する「針供養」という行事があります。身近なものを大切に思う日本の文化を後世に伝えていきたいものですね。

《参考文献》

住友金属テクノロジー（株）「縫い針」『つうしん』第九号、一九九五年

アルミニウムスコップ

レア度　★☆☆☆

軽くて丈夫でさびにくい

SCENE 04

：昨夜からの雪で、すごく雪が積もっている！

：えっ！　雪が積もっているの？　わぁ～い！

：雪が積もっていて喜ぶのはスキー場と子どもだけよね。早く雪かきしなくちゃ。

私の故郷である北陸は、日本屈指の豪雪地帯。北陸の雪は水分を多く含んだじっとり重い雪です。なので、玄関前に積もった雪を除雪する作業、いわゆる雪かきも一苦労です。その際に重宝するのがスコップです。雪があまり降らない都市部の方には信じられないかもしれませんが、北陸ではスコップは一家に一本必ずあるといっても過言ではありません。このスコップについて金属の観点から迫ってみたいと思います。

アルミニウムスコップ

スコップは、雪のほかに土や砂利、砂などをすくう際に使用する、柄とその先端に平坦な形状の幅広の刃からなる道具です。スコップとよく似た道具にシャベルがあります。シャベルは穴を掘る際に使用する、柄とその先端に尖ったスプーン状の刃からなる道具です。スコップとシャベルを、掘ったりすくったりする道具として混同していますが、それぞれ別の道具だったんですね。

アルミニウムでできたスコップは、重い雪を除雪するのに重宝します。アルミニウムスコップは、軽くて、丈夫で、さびにくい、まさに三拍子そろっています。このスコップに使用されているアルミニウムには秘密があります。

アルミニウムは、アルミホイルのイメージどおり軟らかい金属です。そのアルミニウムをスコップにそのまま使用すると、すぐに変形したり傷がついてしまい、使い物になりません。そこで、この軟らかいアルミニウムを硬くするために、アルミニウムに約二％のマグネシウムを混ぜています。アルミニウムにマグネシウムを混ぜ合わせることによって硬く変形しにくくし、傷がつきにくくしています。銀製のアクセサリーに傷がつきにくくするために、銀に銅を混ぜ合わせる原理と同じです（※詳細は「アクセサリー①／銀のアクセサリーに書いてある数字ＳＶ９５０って何？」を参照）。

また、アルミニウムはステンレスと同様に、その表面は透明なさびで覆われています。その透明なさびのおかげで、アルミニウムがボロボロにさびることはありません

（※詳細は「ナイフ・フォーク・スプーン／さびない金属『ステンレス』、実はさびびている！」を参照）。この透明のさびを人工的に厚く安定的に付ける処理として、アルマイト処理があります。アルマイトといえばお弁当箱を思い出すかと思います。アルマイト処理により、アルミニウムをさらにさびにくく、また色付けできるようにします。アルミニウムスコップの中には、アルマイト処理により透明のさびを厚くし、よりさびにくく、擦り減りにくくしたものもあります。

北陸や東北などの雪の多い地方では、雪が積もった朝はご近所そろって雪かきをします。雪かきは大変な作業ですが、ご近所付き合いが少ないといわれる現代で、互いが顔を合わせるよいコミュニケーションの機会になっているように思います。

《参考文献》

浅香工業（株）ホームページ

水銀体温計

レア度 ★☆☆☆

SCENE 05

銀色に光る謎の液体金属

：なんだか、体が熱くてだるいよ。

：顔も赤くて、あなた、熱あるんじゃない？　体温計で熱を測りなさい。

（ピピッ！　ピピッ！）

：三十八度五分だって。

：結構高いじゃない！　今流行りのインフルエンザかもしれないから、早く病院に行きましょ！

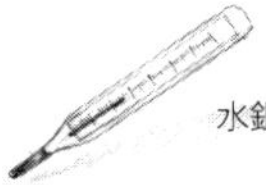
水銀体温計

日ごろの健康チェックに欠かせない体温計。最近のデジタル体温計は、数十秒間脇の下に挟めば、「ピピッ」と鳴って体温がすぐにわかります。子どもの急な発熱のときには助かりますよね。私が子どものころは、体温計といえばガラス管の中に水銀の入った水銀体温計。この水銀体温計に使用されている水銀について触れてみたいと思います。

最近は水銀体温計をあまり見かけなくなりました。水銀体温計は脇の下に少なくとも三分間は挟んで、温度を読み取るときは見やすくするために少し傾けたものです。また、体温を測定した後には手で数回振って表示を下げなければいけません。

水銀体温計の原理は、温度上昇に伴う水銀の熱膨張を利用しています。水銀は読んで字のごとく、水のような液体状の銀白色をした金属で「クイックシルバー」とも呼ばれています。鉄やアルミニウムは加熱することによって溶けますが、水銀の溶け始める温度はマイナス三九度です。たとえ水銀をご家庭の冷凍庫に入れても固まりません。水銀にとって常温は加熱されているほど熱い状態なので固まることなく溶けているのです。スペインのアルマデンにある水銀鉱山では、洞窟の壁から「自然水銀」と呼ばれる液体の水銀が滴っているそうです。

水銀はこの不思議な性質のため、昔は錬金術師に注目されました。あの万有引力で有名なアイザック・ニュートンもその魅力に取りつかれたそうです。ニュートンがケンブリッジ大学の数学教授だったころ、物理学と数学の偉大な業績を残すかたわら、水銀を利用した錬金術の実験に、多くの時間を費やしていたそうです。私の妻も子どものころ、小学校の保健室で、割れた体温計からもれ出し床に転がる球状の水銀を、面白がって指で弾いて遊んだことがあるそうです。水銀は体内に蓄積されると脳神経障害を起こす金属であるため、良い子は、絶対に水銀で遊んではいけません！　ニュートンの毛髪を分析すると、正常値のなんと十五倍もの水銀が検出され、晩年は奇怪な行動が目立ったそうです。

ちなみに、ニュートンをはじめとする多くの化学者が錬金術の実験に真面目に取り組みましたが、結局のところ金をつくり出すことはだれもできませんでした。しかし、錬金術の取り組みによって、色々な化学反応が試されたため、化学を大きく進歩させました。

《参考文献》

ロバート・ウィンストン（相良倫子訳）『目で見る化学』さ・え・ら書房、二〇〇八年

日刊工業新聞社ＭＯＯＫ編集部『身近なモノの履歴書を知る事典』日刊工業新聞社、二〇〇二年

ジョン・エムズリー（渡辺　正・久村典子訳）『毒性元素　謎の死を追う』丸善、二〇〇八年

セオドア・グレイ（武井摩利訳）『世界で一番美しい元素図鑑』創元社、二〇一〇年

ゴルフのドライバー

レア度 ★★★☆

飛行機の素材と同じドライバー。実は内部にも秘密が！

SCENE 06

：ただいま。

：おかえりなさい。

：いやー、今日は参ったよ。部長が「お前もそろそろゴルフ始めたら？」だってさ。オレって運動オンチだし、だいたいゴルフ用品って高いじゃない。

：でもお付き合いもあるしね。

：しかたない。今週末にゴルフショップでも行ってくるか。

天才ゴルファー石川遼君の影響もあり、ゴルフは根強い人気があります。ゴルフは、ゴルフクラブを使ってボールを穴に入れるという単純なスポーツですが、よいスコア

を出すには集中力と技術力が求められます。ゴルフ用品の一つであるドライバーは、ロングコースやミドルコースの第一打に使うゴルフクラブで、飛距離の大小がスコアに大きく影響します。ですから、ドライバーを買うときは念入りに選びますよね。このドライバーについて金属の観点から迫ってみたいと思います。

　ゴルフショップに行ってみると、ドライバーの種類の多さに驚きます。ゴルフショップに並んでいるドライバーのほとんどがチタンでできたものです。「チタン」という名前は、ギリシャ神話の「タイタン」（巨人）から名づけられました。ドライバーに使われているチタンは単なるチタンではなく、アルミニウムを六％とバナジウムを四％混ぜ合わせたチタンです。このチタンの強さは抜群で、鉄の三倍の強さを持っています。それにもかかわらず、その軽さは鉄の二分の一です。軽くて強いチタンは、スイングしやすくて、一振りで高飛距離にボールを飛ばすドライバーに適した金属なのです。

　チタンはゴルフクラブに限らず、さまざまなモノに使われています。例えば、チタンは高強度でありながら軽量なので、飛行機のジェットエンジンにも使用されています。また、チタンはステンレスやアルミニウムと同様に、その表面は薄くて緻密な透明のさびで覆われているので耐食性に優れています。そのために、建物の屋根をはじめとする建築部材だけでなく、人工関節などのインプラント材にも使われています。

　聞くところによると、ドライバー選びは軽さや飛距離のほかに、ボールを打ったときの打球音も重要で、「カキンッ〜」という打球音から爽快感を感じているそうです。この「カキンッ〜」という音を実現するために、実はドライバーヘッドの内部にある仕掛けが施されています。それはバイオリンの音色調整の原理が使われていることです。バイオリンには「魂柱《こんちゅう》」と呼ばれる弦の振動を制御して音を調整する役割の柱がついています。このバイオリンの魂柱を参考にして、ドライバーの内部に板が仕込まれており、玉を打ったときの打球音を調節して爽快感を実現しているのです。この工夫はドライバーの外観からはわからないので残念ですが、この見えない工夫によって得られる快音はゴルフプレーヤーには欠かせない要素の一つのようです。

部長に誘われたことだし、日曜日にゴルフショップに行ってみようかな。

《参考文献》

飯島健三郎『金属』第七十七巻第九号、二〇〇七年
寺西幸弘『金属』第七十八巻第二号、二〇〇八年
戸井武司『トコトンやさしい音の本』日刊工業新聞社、二〇〇四年
(社)日本チタン協会ホームページ

金管楽器

レア度 ★☆☆☆

「ブラスバンド」のブラスって何？

SCENE 07

：来月から、いよいよ高校生だな。クラブ活動は何にするつもりなんだ？

：運動部にしようか、文化部にしようか、まだ迷っているの。

：私は吹奏楽部に入っていたわよ。かなり真剣にやった記憶があるわ。実のところ、かっこいい先輩がいたことも続けられた理由かな？

：へぇ～、ママって吹奏楽やってたんだ。今まで知らなかった。私も吹奏楽部にしてみよっかなぁ？　ところで、吹奏楽部のことをブラスバンド部ともいうけど、ブラスバンドの「ブラス」ってどういう意味なの？

トランペット、ホルン、トロンボーン、チューバなどの金管楽器主体の吹奏楽のことをブラスバンドといいます。ブラスバンドで演奏する金管楽器は「ブラス」といわれる、銅に亜鉛を加えた金属でできています。ブラスは「黄銅」とも呼ばれます。金管楽器主体の吹奏楽が「ブラスバンド（黄銅の楽隊）」と呼ばれるのも、楽器の素材に由来するのでしょう。英和辞典で「brass」の意味を調べると、一番目に「黄銅」あるいは「真鍮《しんちゅう》」、三番目ぐらいに「金管楽器」という記載が出てきます。

黄銅は紀元前から使用されている歴史のある金属です。最も身近な黄銅製のモノに五円硬貨があります。五円硬貨は亜鉛を三五～四〇％含む黄銅です。黄銅は銅に混ぜ合わせる亜鉛量によって色が変わります。例えば、亜鉛を一〇％含むと赤味のあるレッドブラス、三〇％含むと黄色味のあるイエローブラスとなります。これらを金管楽器の素材として用いた場合、レッドブラスは、柔らかく幅のある豊かな音色、イエローブラスは明るく、張りのあるシャープな音色になるとされています。

金管楽器に使われる黄銅以外の銅として、銅に亜鉛とニッケルを加えた「洋白《ようはく》」がありあます。洋白は「ニッケルシルバー」とも呼ばれ、光沢のある銀白色の金属で、深く重厚な音を響かせます。

金管楽器は、マウスピースに口を当てて息を吹き込みながら、唇の振動で管を響かせ音を出します。音色の違いは、亜鉛量によって黄銅の振動のしかたが異なることが理由と考えられます。さびや汚れから金管楽器を守るために、表面にラッカー塗装やメッキを施しますが、これも音色に微妙な影響を与えています。

金管楽器に黄銅が用いられている理由が二つあります。

一つ目の理由は黄銅の加工性のよさです。トランペットをはじめとする金管楽器は、黄銅の板を薄く延ばし、加工してつくられます。量産品は機械でつくられますが、高級な金管楽器は、職人による木槌を使った手作業で仕上げられます。銅以外の金属、例えば鉄やステンレスを金管楽器の複雑な形に成形することは至難の業です。

二つ目の理由は材料の価格です。金や銀のような高価な金属はフルートには使用されますが、フルートより大きい金管楽器を金や銀でつくると値段が高すぎてしまいます。金管楽器の複雑な形状の実現とその大きさから、黄銅が使用されているのですね。

《参考文献》

(社) 日本銅センター『銅』第一六五号、二〇〇八年

(株) ヤマハミュージックメディア『世界なるほど楽器百科』二〇〇八年

諸方英子『楽器のしくみ』日本実業出版社、二〇〇六年

N・H・フレッチャー、T・D・ロッシング (岸憲史ほか訳)『楽器の物理学』シュプリンガー・フェアラーク東京、二〇〇二年

パチンコ玉

レア度　★☆☆☆

真ん丸の玉はどうやってつくるの？

SCENE 08

：お前が手に持っているパチンコ玉、どうやって手に入れたんだ？

：学校の帰り道に落ちていたんだよ。

：まさか、お前がパチンコ屋に行ったのかと思った。（そんなことはないか・・・）

：このパチンコ玉ってどうやってつくるの？

真ん丸い金属の玉。一番身近なのはパチンコ玉ですよね。でもどのようにしてパチンコ玉をつくっているのかご存知ですか？　また、超高精度な金属の玉が身近にあることもご存知でしょうか？

最初に、真ん丸い金属の玉のつくり方についてですが、鉄に少量の炭素を混ぜた

「鋼《はがね》」と呼ばれる金属の線を一定の長さで切断し、型の中で力を加えて球に形づくります。この成形方法を「圧造《あつぞう》」と呼びます。この段階でも、おおむね球の形にはなっていますが、表面に凹凸があったりして整っていません。そこで、圧造でつくった球体を溝が付いた特殊な工具に挟んでグリグリと回転させて表面を整えます。その後、熱を加えて金属を強くした後に、研磨剤と一緒に容器に入れてさらに表面を磨いて整えてでき上がりです。たかが真ん丸い金属の玉ですが、パチンコ玉はひと手間もふた手間もかけられて仕上がっているのです。

次に、超高精度な金属の玉についてですが、それは「ベアリング」と呼ばれる部品に使われています。ベアリングとは、機械の摩擦を減らすために用いる部品で自動車から冷蔵庫、洗濯機、掃除機、はたまた人工衛星まで、ありとあらゆる機械の内部に使用されています。重量物を移動させる方法として、重量物の下に丸太を敷いて動かす「ころ曳き」という原始的な運搬方法がありますが、ころ曳きがベアリングの元になったといわれています。ベアリングは、私たちの身のまわりにあるにもかかわらず、機械の内部に使用されているためほとんど目にすることはありませんが、このベアリングに使用される金属の玉の真球度は、なんと〇・〇二ミクロンという超高精度に仕上げられています。このような高精度な金属の玉のおかげで、身のまわりの機械がスムーズに動いてくれているのです。助かりますね。

《**参考文献**》

柴田順二『金属』第七十九巻第十二号、二〇〇九年
（社）日本鉄鋼協会『ふぇらむ』第十四巻第十一号、二〇〇九年
日刊工業新聞社「鋼球」『モノづくり解体新書　一の巻』一九九二年
徳田昌則ほか『金属の科学』ナツメ社、二〇〇五年
佐藤鉄鋼（株）ホームページ
NFN（株）ホームページ

フライパン

レア度 ★★☆☆

軽くて、熱通りがよくて、傷がつきにくい

SCENE 09

：この前にパパに買ってもらったフライパン、すっごく気に入っているの！

：そんなにいいの？

：そうよ。持ったとき重くないし、焦げずにおいしく焼けて、表面に傷がつきにくいのよ♪

：そんなにすごいフライパンって、どんな金属でできているのかな？　パパに早速聞かなくっちゃ！

フライパン

焼き料理には欠かせないフライパンは、鍋や包丁とともに台所の必需品ですよね。持ったときに重くなく、均一においしく焼けて、傷がつきにくく長年愛用できる。こ

のような三つの要件を満たすフライパンってどのような金属が理想なのでしょうか？アルミニウム、銅、ステンレスの三つの金属を例に出しながら、フライパンにとっての理想の金属を説明します。

最初に、「持ったときに重くなく」ですが、同じ大きさでも金属によってそれぞれ重さが異なります。この同じ大きさの物の重さを密度といいます。アルミニウム、銅、ステンレスの三つの中で最も密度の小さい金属はアルミニウムです。アルミニウムの密度は銅やステンレスの約三分の一です。ですから、「持ったときに重くなく」を実現する金属はアルミニウムということになります。

次に、「均一においしく焼けて」ですが、そのためには熱の通りがよいことが重要となります。金属によって熱の伝わりやすさは異なります。熱を通しやすい金属のベストスリーは銀、銅、金で、その次がアルミニウムです。ステンレスは熱の通りが非常に悪く、銅の二十三分の一、アルミニウムの十三分の一です。さすがに、一般家庭で愛用するフライパンに貴金属の金や銀は高価すぎて使用できません。また、ステンレスのフライパンでは熱の通りが悪すぎて均一に焼くことができません。となると、「均一においしく焼けて」を実現する金属は銅、あるいはアルミニウムになります。実際、プロの料理人が卵焼きに使用する鍋には銅鍋が使用されています。これは、卵の焼き加減を調節するには、熱を均一に伝える銅鍋が適しているからだそうです。ただし、上述のとおり、銅の密度はアルミニウムの三倍ですので重くなります。軽量を重視するフライパンには熱の通りは劣りますが、銅よりアルミニウムがよいでしょう。

最後に「傷がつきにくく長年愛用できる」です。料理を裏返す際にフライ返しを使うと、どうしてもフライパン表面に傷がついてしまいます。このフライパン表面の傷のつきやすさは、金属の硬さと関係あります。硬さは金属によって異なります。アルミニウム、銅、ステンレスの三つの中では、ステンレスが最も硬い金属です。ですから、「傷がつきにくく長年愛用できる」を実現する金属はステンレスということになります。

以上からおわかりのように、「持ったときに重くなく」、「均一においしく焼けて」、「傷がつきにくい」フライパンは、一つの金属では実現できないことがわかります。この矛盾を解決するのが、金属を重ねて張り合わせた金属です。異なる金属を張り合わせることによって、一種類の金属だけでは実現できない複数の特長を持ち合わすことができるようになるのです。このような異なる金属を張り合わせた金属を「クラッド材」と呼びます。持ったときに重くなく、均一においしく焼けて、表面に傷がつきにくいフライパンには、このクラッド材が使用されているのです！

フライパンに使用されているクラッド材をサンドイッチに例えると、次のようになります。

「持ったときに重くなく」と「均一においしく焼けて」を実現するために、サンドイッチの具材にはアルミニウム、もしくは銅（※軽さを重視する際はアルミニウム、均一に焼けることを重視する際は銅）。「傷がつきにくい」を実現するために、サンドイッチのパンにはステンレス。

こういったサンドイッチ状の金属を使ったフライパンによって、皆さんのご家庭のおいしいお料理ができています。おっと違った！　お母さんの愛情も必要でした。だよね？　ママ。

《参考文献》

山縣　裕『現代の錬金術　エンジン用材料の科学と技術』山海堂、一九九八年

住友金属テクノロジー（株）「フライパン」『つうしん』第十五号、一九九七年

（社）日本鉄鋼協会『ふぇらむ』第十五巻第一号、二〇一〇年

携帯電話

携帯電話

レア度 ★★★★

廃棄されたケータイ、実はお宝満載!?

SCENE 10

：友達が新しい携帯電話を買って、みんなに見せびらかしているんだよ～！
私もそろそろ新しい携帯電話が欲しいんだけど。

：私だって替えたいと思っているんだけど。
パパ、この際、家族みんなで替えない？

：それじゃ、今週末にみんなで携帯ショップに行ってみるか！

：ところで、これまで使っていた携帯電話、引き取ってもらえるの？

：携帯電話は積極的に回収しようとする動きがあるんだよ。

：どうして？

単に通話するだけでなく、メールをしたり、写真を撮ったり、テレビを見たり。携帯電話は現代生活になくてはならないモノとなっています。携帯ショップに行くと、ますます便利に使いやすくなった薄型の新機種が数多く並んでおり、機種変更したくなりますよね。最も身近なハイテク機器である携帯電話について、金属の観点から迫ってみたいと思います。

携帯電話の機種変更の際に、これまで使っていた携帯電話を持ち帰るか、回収するかを聞かれますよね。これまで使っていた携帯電話は何となく愛着があり、携帯ショップで回収されると寂しい気持ちになってしまうのは私だけでしょうか・・・。

さて、使用済みの携帯電話が回収されている理由をご存知ですか？ 実は携帯電話の中に金や銀などの貴金属が含まれているからです。ただ、その量はかなり微量です。金なら携帯電話一台当たり約〇・〇二～〇・〇四グラムです。

ちなみに、携帯電話と同様に身近なハイテク機器であるパソコンにも金が約〇・三～〇・四グラム含まれています。

このような貴金属を含む有用な廃棄ハイテク機器のことを、あたかも採掘可能な鉱山にたとえて「都市鉱山」と呼んでいます。この呼び名は東北大学の故南條道夫教授が約二十年前に提唱したものです。

社団法人電気通信事業者協会と一般社団法人情報通信ネットワーク産業協会は、「モバイル・リサイクル・ネットワーク」を通じて使用済み携帯電話の本体、電池、充電器を回収する活動を推進しており、二〇一〇年度の使用済み携帯電話の回収台数は七三四万台でした。携帯電話一台当たりに約〇・〇二〜〇・〇四グラムの金が含まれていますので、約一五〇〜三〇〇キログラムの金が回収されたことになります。

しかし、使用済み携帯電話の回収は思ったほど順調ではなく、その台数は年々減少傾向にあります。具体的には、二〇〇一年度の回収台数約一三〇〇万台に対して二〇一〇年度は約七三四万台と、約六割弱になっています。その理由は、携帯電話の多機能化が進み、使用済み携帯電話を別の用途、例えば、デジタルカメラや目覚まし時計として使い続ける人がいるためです。

携帯電話をはじめとするハイテク機器は、新製品の発売とともに、旧製品は廃棄され続けています。実はその中には微量ですが金や銀が眠っており、廃棄ハイテク機器はまさに隠れたお宝といえます。

人類がこれまでに採掘した金の総重量は約一六万トンといわれており、五〇メートルプール三杯分にすぎません。地下資源に乏しい日本にとっては廃棄されたハイテク機器は貴重な資源といえます。使用済みの携帯電話には愛着もありますが、日本の資源のためにあなたのお宝を提供しませんか？

《参考文献》

谷口正次「資源採掘から環境問題を考える」早稲田大学オープン教育センター、二〇〇二年五月二十九日
日経ビジネス「レアメタルを再創せよ」第一三八四号、二〇〇七年
早稲田嘉夫『金属』第七十九巻第十号、二〇〇九年
化学工業日報、二〇〇九年十一月十六日
(社)電気通信事業者協会ホームページ

April - June

春

銅像

レア度　★★★☆

「緑青《ろくしょう》」は無害？

SCENE 11

：久しぶりにみんなで公園にきたね。
今日は天気もいいし、みんなで楽しく遊ぼう！

：ここの公園は、たくさんのモニュメントが立っているね。

：芸術的なセンスがないからよくわからないけど、変わった形しているな。

：モニュメントはみんな緑色しているよ。

：これは「緑青」といって銅特有のさびなんだよ。

：緑青って有毒じゃなかった？

皆さんは、子どものころに親から「緑青は猛毒なんだから、触っちゃいけないよ！」っていわれた記憶はありませんか？　著者の私もそのように教えられていました。子どものころに誤って触ってしまい、思いっきり石けんで手を洗った記憶があります。しかし、この緑青、実は無害だったのです。

屋外に設置されている銅像や神社仏閣の銅葺き屋根の表面は、「緑青」といわれる銅特有の緑色のさびで覆われています。アメリカの自由の女神の表面もたっぷりと緑青で覆われています。この緑青は銅であれば別に屋外でなくても発生します。長い間、机の中にしまっておいた十円玉なんかにも緑青は発生します。この表面にできた緑青のおかげで、銅はそれ以上さびが進まないようになっています。例えるなら、「銅は緑色のコートを着込んで、さびが進行するのを防いでいる」っていう感じですね。

この緑青は、昭和の時代まで有毒なものとして扱われていました。戦後の小学校の教科書や百科事典にも「緑青は有毒」と書かれていたそうです。しかし、緑青が有毒である根拠はなく、社団法人日本銅センターは東京大学に依頼し、緑青に関する動物実験を重ねました。その結果、緑青が無害であることが判明し、一九八四年八月に厚生省（現厚生労働省）が「緑青は無害に等しい」との認定を出しました。緑青が有毒というのは全くの誤解だったのです。

誤解を招いた一つの理由として、次のようなことがいわれています。昔の銅製品は、

今ほど技術が進歩していませんので、不純物を多く含んでいました。また、今ほど金属元素の有害性も明らかになっていませんでしたので、つくりやすさなどから「ヒ素」と呼ばれる金属が銅製品に含まれることが多くあったようです。ヒ素は人体に有毒な金属で、和歌山県で起こった毒入りカレー事件もこのヒ素が関係していました。昔の銅製品には人体に有毒なヒ素が含まれていたため、その銅製品の表面に発生した緑青にもヒ素が混じっていました。そのために「緑青は有毒」となったようです。ちなみに、現代の銅製品はしっかりとヒ素をはじめとする不純物を取り除いていますので安心ですね。

《参考文献》

村上陽太郎『銅および銅合金の基礎と工業技術』日本伸銅協会、一九九四年（改定版）
増子　昇『さびのおはなし』日本規格協会、一九九八年（増補版）
（社）日本銅センター『くらしの活銅学』技報堂出版、二〇〇七年

アクセサリー①

レア度 ★★☆☆

銀のアクセサリーに書いてある数字SV950って何？

SCENE 12

：結婚してもう十五年になるけど、パパってアクセサリーとか全く買ってくれないよね。結婚記念日とかに買ってくれるのが普通じゃない？

：まあ、そう言うけど、先立つものがね〜。

：銀製のアクセサリーだったら比較的手ごろな値段だし。今度買ってよ〜。そういえば、銀のアクセサリーショップに行くとSV950とかSV925って書いてあるけど、これってどういう意味なの？

ほとんどの女性はアクセサリーをお持ちかと思います。その中の幾つかは銀のアクセサリーですよね。銀のアクセサリーは比較的手ごろな値段なので若者に人気があります。また、銀は金属の中ではアレルギーを起こしにくい金属といわれています。ところで、銀のアクセサリーを買うときにSV925やSV950という数字を見かけたことはありませんか？　これらの数字は一体何を意味しているのでしょうか？

市場に流通している貴金属製品には決められた純度があり、その貴金属の種類と純度を本体に表示することによって、貴金属製品とみなされています。銀の場合は千分率で表し、銀分を九九・九五％含むものをSV1000、銀分を九五％含むものをSV950、九二・五％含むものをSV925と表しています。

一般社団法人日本ジュエリー協会（ジュエリー及び貴金属製品の素材等の表示規定）によると、「国内において慣習でSVを用いているが、遂次（Silver、あるいはSILVERの表記に）変更することが望ましい。国外では、SVは認知されていないので、特に輸出製品には用いない」と規定しています。

アクセサリーショップで見かけるSVという表記は、慣習で使用されているものだったんですね。ですから、日本ジュエリー協会の規定に従うと、例えば、銀分を九五％含むSV950はSilver950、あるいはSILVER950となります。

日本のシルバーアクセサリーの工房では銀分を九五％含む「ブリタニアシルバー」と呼ばれるものがスタンダードです。一方、海外のシルバーアクセサリーの有名ブランドのほとんどは銀分を九二・五％含む「スターリングシルバー」です。このほかに銀分を九〇％含む「コインシルバー」や、銀分を八三・五％含む「ダッチシルバー」などもあります。余談ですが、オリンピックの銀メダルは「銀分を九二・五％以上含む」と規定されていますので、スターリングシルバーといえるかもしれません。

一方、金の場合はその割合を示す記号としてK（カラット）が用いられています。「カラット」は宝石にも使われていますが、その意味するところは全く異なります。宝石の場合のカラットは、その重さを意味しており、金の場合は金の含有率を意味しています。24Kや18Kという呼び方をしていますが、純金一〇〇％を24Kとしており、例えば、18Kは二四分の一八で七五％の金を含むことを意味しています。

それでは、どうして銀以外の成分を混ぜる必要があるのでしょうか？　第一の理由はその価格です。銀はアルミニウムや鉄などの汎用的な金属と比べて高価な金属で、その価格は最近高騰しています（＊二〇一一年五月現在）。そこで、銀より安価な金属を銀に混ぜることにより価格を安くすることができます。第二の理由は傷をつきにくくするためです。何も混ざっていない純粋な銀は軟らかくて変形しやすい性質を有していています。そのため、誤ってぶつけたりすると表面に傷がついてしまいます。そこで、銀以外の金属を混ぜ合わせることによって硬くし、傷をつきにくくしています。純粋な金属に別の金属を混ぜると硬くなることを「固溶強化《こようきょうか》」といいます。この固溶強化は、銀に限らずアルミニウムや鉄など、さまざまな金属でも起きるので、金属を硬くしたいときに用いられています。

それでは次に、どのような金属が銀に混ざっているのでしょうか？　銀より安価で、銀とよく混ざり合う金属が適していることになります。この要件を満たす金属は銅です。銅は銀より安価で、銀に混ざりやすい性質を持っています。そのため、アクセサリーに使用される銀のほとんどに銅が含まれています。最近の研究では、銀に極々少量混ぜるだけで硬くできる銅以外の金属も見つけられています。

銀のアクセサリーには一つやっかいな問題があります。それは表面が時間とともに黒ずんでしまうことです。この黒ずみは空気中に含まれる硫黄成分が銀の表面にくっついて、いわゆるさびが銀に発生したためです。極端な例ですが、銀のアクセサリーを身に着けたまま硫黄成分の多い温泉に入ると途端に真っ黒になってしまいますので、ご注意ください。黒ずんでしまった場合は、市販の研磨剤を柔らかい布に付けて丁寧に磨くと、元の輝きを取り戻します。たまに気を配ってあげてくださいね。

《参考文献》

菅野照造『貴金属の科学』日刊工業新聞社、二〇〇七年
本郷成人『貴金属の科学　応用編』田中貴金属工業、二〇〇一年（改訂版）
（社）日本ジュエリー協会『ジュエリー及び貴金属製品の素材等の表示規定』二〇〇八年

アクセサリー②

レア度　★★★☆

「金属アレルギー」に要注意

SCENE 13

：やっぱり高級レストランのお食事っておいしいね。

：そうだね。ところで、これプレゼント。

：プレゼントまであるの？　開けていい？　わぁ～、アクセサリーだわ。

：この間、アクセサリーショップの前でお前が欲しそうにしていたからだよ。

：ありがとう。

おしゃれを楽しむ女性にとって、アクセサリーは生活必需品の一つといえます。最近はアクセサリーをつける男性の方も増えてきています。ところで、家庭用品における皮膚障害の原因の一位が、アクセサリーなどの装飾品であることをご存知ですか？

厚生労働省では一九七九（昭和五十四）年五月から「家庭用品に係る健康被害病院モニター報告制度」による情報収集・評価を実施しており、装飾品が原因とされる皮膚障害が毎年上位三位以内に入っています。では、このようなアクセサリーによる肌トラブルはどうして起こるのでしょうか？　その発生原因について金属の観点から迫ってみたいと思います。

人間が生命を維持していくために、ほんのわずかな量ですが、どうしても欠かせない金属があります。このような金属を「必須金属」と呼び、次のようなものがあります。

カルシウム、マグネシウム、鉄、亜鉛、ケイ素、銅、マンガン、ニッケル、モリブデン、クロム、コバルト、錫《すず》、バナジウム

これらの必須金属は、体内でいろいろな役割をしています。例えば、鉄は血液中の酸素を運ぶヘモグロビンに含まれています。正常な成人男子の体の中には四～五グラムの鉄が含まれており、鉄が欠乏すると貧血を起こしやすくなるようです。そのために、鉄分補給と称した健康食品をよく目にしますよね。このような必須金属は、生物が最初に誕生した環境である海水中の濃度と関係があります。つまり、体内に含まれる必須金属の量は海水中に含まれる金属濃度とほぼ比例しています。

一方、金属の中には体に有害なものもあります。例えば、鉛やカドミウム。これらの金属は人体に悪影響を及ぼす有害な金属として知られており、「鉛白《えんぱく》」と呼ばれる

鉛を含む物質を使用した白粉《おしろい》による鉛中毒や、富山県の神通川流域で一九五五（昭和三十）年ごろから発症したカドミウムによるイタイイタイ病などが有名です。このような有害金属は必須金属と全く逆で、海水中の濃度は極めて低いそうです。生物の起源が海にあることを物語っているようで、とても神秘的ですね！

しかし、体に必須な金属も摂取しすぎると体に害をもたらします。実は、アクセサリーによる肌トラブルも一種の金属の過剰摂取が原因なのです。金属が皮膚に触れ続けると、汗でアクセサリーの金属部分が溶け出し、それが皮膚に吸収されて皮膚障害を発生させてしまいます。これがいわゆる金属アレルギーです。若い女性の一割前後がこのような金属アレルギーを持っているといわれています。では、どのような金属がアレルギーを引き起しやすいのでしょうか？

アレルギーを起こしやすい金属としてはニッケル、コバルト、錫、クロムが知られています。これらの金属はいずれも上述した必須金属です。体に必須な金属も摂取しすぎると体に害をもたらしてしまうのです。アレルギーを起こしやすい金属の中でもニッケルは、最も金属アレルギーを引き起こしやすいようです。そのためヨーロッパでは「明らかにニッケルを含んだ商品の販売に対する禁止法令」が制定され、一九九二年にはＥＣの統一令として販売禁止令が施行されています。一方、日本では一般社団法人日本ジュエリー協会が、「ピアッシングアッセンブリー」（針、キャッチおよび耳たぶに直接接する部分）にはニッケル含有金属を用いないよう周知を図っています（残念ながらピアッシングアッセンブリー以外の素材に対してはニッケル使用の制限は示していません）。

このような金属アレルギーへの対策として、汗をかく可能性のあるときはアクセサリーを外すことをお勧めします。せっかくのおしゃれのためのアクセサリーも、皮膚が金属アレルギーで荒れてしまってはどうしようもありませんからね。

《参考文献》

菅野照造『貴金属の科学』日刊工業新聞社、二〇〇七年
本郷成人『貴金属の科学　応用編』田中貴金属工業、二〇〇一年（改訂版）
鈴木克夫『金属アレルギーはもう怖くない』廣済堂出版、一九九三年
東京都消費者センター『金属製のアクセサリー・時計バンド』一九九六年
渋畑　修『医療ジャーナル』第三十七巻第二号、二〇〇一年
木村　優『微量元素の世界』裳華房、一九九三年（第二版）
和田　攻『金属とヒト』朝倉書店、一九八五年
厚生労働省ホームページ

ナイフ・フォーク・スプーン

レア度 ★★★★

さびない金属「ステンレス」、実はさびている！

SCENE 14

：結婚記念日でこんな高級レストランであなたと食事。

：お前にはいろいろと苦労かけているからな。今日ぐらいは。

：やっぱり高級レストランだけあってテーブルに並んでいるナイフやフォーク、スプーンも豪華ねぇ。光り輝いているよ。

：高級レストランの美味しい料理もさることながら、確かにナイフやフォーク、スプーンもゴージャスさの演出には欠かせないよね。

食事に使用するナイフやフォーク、スプーンは「カトラリー」とも呼ばれ、さびずに長く美しさを保つことが求められます。高級なレストランに行くと、銀製のものが

テーブルに並べられている場合がありますが、家庭で使われるカトラリーのほとんどはステンレス製のものです。日常生活の衣・食・住のうち、食に欠かすことのできないカトラリーに使用されているステンレスについて紹介します。

ステンレスとは「汚れのない」、「さびない」という意味で、さびの発生しない代表的な金属として知られています。さびないステンレスの特長を生かしてナイフやフォーク、スプーンのほかにシステムキッチン、公園の滑り台や列車の外装にも使用されています。そういった意味で、ステンレスは日常生活で最も身近な金属といえるでしょう。しかし、このさびないといわれるステンレス。実は、その表面はさびで覆われているのです！

さびが発生しやすい金属としてはじめに思いつくのは鉄ではありませんか？ 道を歩いていると、赤さびが発生している道路標識や門扉をよく見掛けます。鉄は水と酸素のある環境に放置しておくと、途端に赤さびが発生してしまいます。このさびの正体は一体何でしょうか？

鉄は水に接すると分解し鉄イオンとなり、水が分解した水酸化イオンや酸素と反応して、赤さびとなります。このように、さびとは金属が酸素と結びついた酸化物なのです。鉄は、自然界において「鉄鉱石」と呼ばれる安定した酸化物として存在しています。人間はこの鉄鉱石から単体の鉄成分を製鉄所で抽出して使用しています。しかし、鉄にしてみると人間が抽出した単体の鉄として存在している状況は居心地が悪く、元の鉄鉱石に戻りたくてしかたありません。そのため、鉄は水と酸素が近くにあると、いてもたってもいられなくなり、元の姿に戻ろうと赤さびという酸化物に変化するのです。これがさび発生のメカニズムです。

ステンレスは、このさびやすい金属の代表である鉄にクロムやニッケルを添加した金属です。ステンレス製品の側面や裏側をよく見ると、13とか18、18-8、18-12といった数字が刻印されています。これは添加されたクロムとニッケルの量を意味しており、例えば、13の場合は一三%のクロムが、18-8の場合は一八%のクロムと八%のニッケルが添加されたステンレスであることを意味しています。さびないとされるステンレスの特性には、特にクロムが密接に関係しています。ステンレスに含まれるクロムの鉱石は「クロム鉄鉱」といわれるクロムの酸化物です。ステンレスがさびないとされているのは、添加されているクロムがつくるステンレス表面の酸化物と関係しています。

ここまでお読みの方はおわかりでしょう。ステンレスの表面には、クロムが本来のかたちに戻ろうとして発生したクロムの酸化物、いわゆるクロムのさびが発生しているのです。鉄の赤さびは厚くてもろいので手で触るとポロポロと壊れてしまいますが、クロムのさびは薄くて透明でしっかりと素地に密着しています。その薄さは百万分の

一ミリメートルといわれています。ちなみに、もう一つの添加元素であるニッケルの役割はクロムのさびの密着性を向上させることです。ですから、ステンレス製品の側面や裏側に書いてある数字が大きいほど、具体的には18 - 8より18 - 12のほうが薄くて透明でしっかりと素地に密着したさびがステンレス表面に発生しています。ステンレス製品を選ぶ際は、この数字をぜひ目安にしてくださいね。

ところで、このステンレスもお手入れが悪いと鉄と同様に赤さびが発生してしまう場合があります。例えば、ステンレス製の流しに空になった缶詰のカンをずっと置きっぱなしにしていませんか？　こんなときは危険です。ステンレス表面にさびた鉄や異物をくっつけたまま長時間放置し、さらに塩分を含んだ水で濡れた状態にしておくと、鉄から発生した赤さびがステンレス表面に付着し、場合によってはステンレス自体に赤さびが進行してしまいます。これは、異物でステンレス表面の透明な酸化物に小さな孔が開いてしまうことが原因で、この現象を「孔食《こうしょく》」と呼びます。さびにくいとされるステンレスの弱点といえます。そんなときは、さび取り剤や金属たわしでステンレス表面に発生した赤さびをしっかりと除去して、きれいな水で洗い流してください。そうすれば、ステンレス表面に再び透明でしっかりと素地に密着したクロムのさびがサッとできて、元どおりのステンレスによみがえります。

さびない金属として知られているステンレス。それは、素地に密着した透明のさび

に覆われているおかげ。そんなステンレスも、お手入れが悪いと本当にさびちゃいますので、お気を付けくださいね！

《参考文献》

松島　巌『トコトンやさしい錆の本』日刊工業新聞社、二〇〇四年

鉄と生活研究会『トコトンやさしい鉄の本』日刊工業新聞社、二〇〇八年

住友金属テクノロジー（株）「カトラリー」『つうしん』第十二号、一九九六年

日本冶金工業（株）ホームページ

大山　正『ステンレスのおはなし』日本規格協会、一九九二年

大和久重雄『ＪＩＳ鉄鋼材料入門』大河出版、一九八九年（第二版）

金箔

レア度　★★★☆

金箔って食べても大丈夫なの？

SCENE 15

：こういう高級レストランでの食事って久しぶりだよね。子どもたちがいると、なかなか二人でゆっくりと食事ってできないし。


：子どもたちもお留守番できる年齢になったんだから、結婚記念日くらいは二人で少々贅沢したっていいんじゃない。

前菜、サラダ・・・って、順番に食事が出てくるなんて、何年ぶりだろう～。

次はスープだね。


：このスープ、いい香り～！　よく見ると、スープに浮いているの金箔じゃない？

やっぱり高級レストランになるとスープに金箔が浮いているんだね～！

ところで、金箔って金属だよね？　金属を食べても体に害はないの？

金は有色で永遠に輝き続ける唯一の金属で、金属の中の王様といえます。その金を特別な技法で一万分の一ミリメートルまで薄く延ばした金箔は、ほんの少量でも豪華な演出ができますので、伝統工芸品に限らずさまざまなものに使用されています。例えば、JR九州新幹線のつばめ800系の車両内装やパソコンのデータ記憶媒体USBメモリーの装飾にも用いられています。また、文字や星形に形づけられた食用金箔もあります。このような食用金箔は、子どもの誕生日や夫婦の結婚記念日などのお祝いの食事に、さりげなく華やかさを添えることができます。ところで、この食用金箔、金属なのに食べても大丈夫なのでしょうか？　この疑問にお答えします。

金箔は金を主成分とし、それに銀と銅を添加した金属で、配合割合によって幾つかの種類に分類されます。最も用途の広いのが銀を四・九〇％、銅を〇・六六％含む「純金四号色」と呼ばれるもので、食用金箔もこれと同じものです。金は数ある金属の中で最も耐食性のよい金属です。古来から金が装飾品として珍重されてきたのも、年月を重ねてもその美しさが保たれるからです。そのため、金は食しても胃酸に溶けることもなく、体内で吸収されずにそのまま排出されます。ですから、食べても全く害はありません。また、金箔は厚生労働省が定める食品添加物として認められていますので安心ですね。

日本の金箔の九九％は石川県金沢市で生産されており、「延金《のべきん》」、「澄打《ずみう》ち」、「箔打《はくう》ち」

の三つの工程を経てつくられます。

延金工程は、所定の配合の銀と銅を混ぜて固めた金を「圧延《あつえん》」と呼ばれる回転するロールの間に何度も通して薄いシートに仕上げます。圧延は固めた際に金の内部にできた小さな穴を潰す効果もあり、圧延後のシート内部は穴もなく均一に仕上がります。圧延によって帯のように長くなったシートを正方形に切断し、次の澄打ち工程で紙に挟んでハンマーで槌打《つちう》ちし、さらに薄く延ばします。澄打ち工程で薄く延ばされた金を上澄《じょうすみ》と呼びます。

箔打ち工程では、この上澄を紙に挟んでさらにハンマーで槌打ちして、厚さ一万分の一ミリメートルの金箔に仕上げます。

金箔の中に少量の銀と銅が配合されているのは、金の微妙な色を調整することと、薄く延ばしやすくするためだといわれています。箔打ちに使用する紙は「箔打ち紙」と呼ばれる和紙で、灰を水で溶いた液体(灰汁)で処理しながら使用します。

金沢で金箔産業がいつ始まったか定かではないようですが、戦国時代後半に藩主が金箔の製造を命じたとの記録が残っているそうです。しかし、その歴史ある金箔の生産額は近年低下傾向にあり、二十年前と比べて八〇%も減少しています。日本が誇る高度な伝統工芸技術で実現できる、一万分の一ミリメートルという究極の薄さからなる金箔。その新規需要開拓のために、金沢ではさまざまな試みがなされています。皆さんもぜひ金沢に出掛けられて、金箔の素晴らしさを感じてみてはいかがでしょうか？

《参考文献》

金沢工芸普及推進協会『金沢工藝本』第五巻、二〇一一年
日本経済新聞、二〇〇九年十月五日
北国新聞社出版局『日本の金箔は99％が金沢産』時鐘舎、二〇〇六年
菅野照造『貴金属の科学』日刊工業新聞社、二〇〇七年
北川和夫『化学と工業』第六十一巻第十二号、二〇〇八年
北川和夫『まてりあ』第三十三巻第十号、一九九四年
(財) 日本食品化学研究振興財団ホームページ
厚生労働省ホームページ
富山新聞、二〇一一年一月十六日

宝石

レア度　★★★☆

ルビーもサファイアも実はアルミニウム？

SCENE 16

：この間の高級レストランでのお食事のときに、アクセサリーのプレゼントまであるとは思わなかったわ。ありがとう。

：喜んでくれてよかったよ。

：来年の結婚記念日にはどんなプレゼントがもらえるのかしら？
今度は宝石がいいわ！

：もう来年のことかよ!!

宝石といえば、テレビで紹介される大富豪のコレクション、あるいはたんすの奥深くにしまい込んでしまっている婚約指輪、というイメージではありませんか？　そういうイメージからすると、宝石は身近なモノとはいえませんが、キラキラ光輝く宝石は女性に限らず男性も魅力を感じちゃいますよね。そこで、この宝石について金属の観点から迫ってみたいと思います。

宝石とは、産出量が少なく、硬くて傷がつきにくく、美しい光彩を放ち、装飾用としての価値の高い石のことです。代表的なものは、ダイヤモンド、ルビー、サファイア。宝石に詳しくなくても、この三つの宝石については、どこかで見たり聞いたりした記憶はありますよね。実は、ダイヤモンド以外の宝石は、アルミニウム缶や金属バットにも使われている銀白色のアルミニウムからできているのです。

アルミニウムのつくり方は次のとおりです。黄白色、あるいは暗赤色の「ボーキサイト」と呼ばれる原料を加熱・ろ過して、「アルミナ」と呼ばれる物質をつくり、このアルミナをさらに電気を使って分解し、ようやくアルミニウムがつくり出されます。このときに多量の電力を使用するため、アルミニウムは「電気の缶詰」と呼ばれています（※詳細は、「飲料用アルミニウム缶／アルミニウム缶はリサイクルの優等生」を参照）。このアルミニウム製造過程のアルミナは、アルミニウムが酸化した物質で、いわゆるアルミニウムのさびです。ダイヤモンド以外の宝石は、すべてこのアルミニウムの酸化物を主成分としています。

混じり気のないアルミナの色は白色ですが、不純物が入り込むとその色が変化します。ルビーの赤色、サファイアの青色は、それぞれアルミナに不純物が混入して鮮やかな色をしているのです。具体的には、ルビーには酸化したクロム、サファイアには酸化した鉄とチタンがアルミナに混ざり、その結果、美しい色を放っているのです。ちなみに、現在では人工的にアルミナからルビーやサファイアをつくることができます。色、大きさなど天然もの以上のものもできるそうです。

一方、宝石の王様ダイヤモンドの成分は、焼き鳥を焼くときに使う真っ黒い炭と同じです。ダイヤモンドと炭は、原子の並び方が違うだけで、かたや無色透明の光り輝く宝石に、かたや真っ黒の炭になるのです。ダイヤモンドも、人工的につくることができますが、不純物の混入により黒色や茶色のものが多いので、機械工作用に使われています。光り輝く宝石用の人工ダイヤモンドもつくろうと思えばつくれますが、あまりにコストがかかりすぎて割に合わないそうです。

サラリーマン家庭にとっては宝石は高嶺の花。でも、宝石はアルミニウムや炭素でできていたんですね。金属の専門家にとっては、宝石はかなり身近に思えてきました。気分だけですけどね。

《参考文献》

大澤　直『金属のおはなし』日本規格協会、二〇〇六年
斉藤勝裕『金属の不思議』サイエンスアイ新書、二〇〇八年
ロバート・ウィンストン（相良倫子訳）『目で見る化学』さ・え・ら書房、二〇〇八年
斉藤勝裕『へんな金属　すごい金属』技術評論社、二〇〇九年
アルミと生活研究会『アルミの科学』日刊工業新聞社、二〇〇九年
佐藤博保『読んで楽しむ自然の化学』講談社、二〇〇八年

ベーゴマ

レア度 ★★☆☆

鉄から亜鉛、そして三十年後のベーゴマは何でできているかな？

SCENE 17

：スリー、ツー、ワン！ ゴォー シュ～ト！

：何やってんだ？

：ハイパーベーゴマだよ。今、カードゲームと並んで友達の間で流行っているんだ。

：ちょっとお前のベーゴマ見せてくれよ。

：いいよ。

：ベーゴマはオレの親父たちの世代で流行っていたようだけど、お前たちの時代でもベーゴマが流行っているんだね。昔のベーゴマは黒っぽくて形も不恰

ベーゴマ

好だったけど、今のベーゴマはえらくかっこいい形状だねぇ。このベーゴマ、亜鉛でできているな。

：どうして亜鉛でできているってわかるの？

：長い間、金属に接する仕事をしていると、金属の色や重さ、形状からその材質が判断できるんだよ。

ほら見てみろ。パッケージに亜鉛合金製って書いてあるだろう。オレの親父のころのベーゴマは鉄でできていたが、お前がオレと同じような歳になる三十年後にはベーゴマの材質も亜鉛からまた別の素材に変わっているかもなあ。

：？

テレビゲームやパソコンのオンラインゲームなど、部屋の中での遊びを好む子どもが多くなって久しいように思います。そんななか、昔懐かしいベーゴマが小学生の男の子を中心に大人気になっています。色や形、回し方は、昔のベーゴマとは全く異なりますが、「相手のベーゴマを弾き飛ばして最後まで回り続けると勝ち」というベーゴマは、今も昔も男の子の気持ちをグッとつかむのでしょうね。このベーゴマについて、金属の観点から迫ってみたいと思います。

　ベーゴマの起源は、バイ貝の殻に砂や粘土を詰めてひもで回したのが始まりといわれています。関西から関東に伝わった際に「バイゴマ」がなまって「ベーゴマ」となったそうです。昔のベーゴマは、ベーゴマそのものをできるだけ重くしたり、巻き方を工夫するのが勝利のコツだったようです。現代のベーゴマはひもを使わず、初心者でも簡単に回すことができます。

　昔のベーゴマは鉄に炭素を混ぜ合わせた「鋳鉄《ちゅうてつ》」といわれる鉄でできていました。現代のベーゴマは、少量のアルミニウムを混ぜ合わせた亜鉛でできています。この材料は、溶けて固まる温度が三八〇度前後と低いため、目的の形に固まらせる場合にとても都合がよい金属です。また、溶けた液体状の金属は水のように流れやすい性質を持っているため、複雑な型でも隅々まで溶けた金属が流れ込み、複雑な形状に形づくることができます。そのため、亜鉛はベーゴマをはじめとする玩具に用いられています。数十年前にブームを引き起こした超合金製と呼んでいたロボット人形も実は亜鉛製だったのです。

　しかし、この亜鉛に危機が迫っています。最近は中国をはじめとする新興国で、亜鉛の需要が急増し、このままのペースで使用し続けると、あと二十～三十年後には、地球資源の一つである亜鉛が枯渇してしまう恐れがあるのです。もしかして、今から三十年後のベーゴマは別の金属でできているのかもしれません。今のうちからベーゴマや超合金製のロボット人形を取っておけば、三十年後には高く売れるかもしれませんよ！

《参考文献》

（株）日三鋳造所ホームページ
三島良績『１００万人の金属学』（株）アグネ技術センター、一九八六年（第二版）
安谷屋武志『金属』（株）アグネ技術センター、第七十九巻第三号、二〇〇九年
日本鉛亜鉛需要研究会『亜鉛ハンドブック』一九九四年（第二刷）
日本鉱業協会　鉛亜鉛需要開発センターホームページ

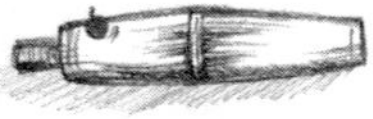

自動車の排気ガス浄化

レア度　★☆☆☆

プラチナは環境対策に一役買っています

SCENE 18

：うちの車、古くなってきているけど、そろそろ新車に乗り換えないの？ハイブリット自動車とか電気自動車とか話題になっているしさぁ～。

：まだまだうちの車は動くから、大切にしながら乗ろうと思っているけど。

：でも、購入してから随分経つし、排気ガスから有害なガスを垂れ流しているんじゃないの？

：うちの車は古いけど、有害なガスはちゃんと浄化して排出されるしくみになっているよ。

最近、テレビなどでプラチナを含んだ化粧品が紹介されていますので、比較的プラチナという言葉をよく耳にされているかと思います。プラチナは「白金」とも呼ばれ、金と銀に並ぶ宝飾用貴金属です。婚約指輪の九割、結婚指輪の八割以上がプラチナ製だそうです。そのプラチナに自動車の排気ガスを浄化させる能力があることをご存知でしたか？

プラチナは銀白色の金属で、金と同様にさびにくい性質を持っているため、銀のように黒ずむことなく永遠の輝きを保ちます。金を金属の王様とたとえるなら、プラチナは王女様が相応しいでしょう。

プラチナは毎年約二百トン前後が産出されており、その約九割は南アフリカ共和国とロシアです。これまでに人間が手にしたプラチナの量は約四千トンで、金の約四十分の一の量です。産出量も少なく、産出地も限られているため、プラチナもまたレアメタルの一つとして位置づけられています（詳しくは「ボールペン／ペン先は精度・材質ともにすごいやつ」を参照）。

ちなみに、宝飾品用の金属で「ホワイトゴールド」と呼ばれるものがありますが、これはプラチナ（白金）の代替材として開発された金とニッケルあるいはパラジウムを混ぜ合わせた金属で、プラチナとは全く別物です。

プラチナの年間産出量の約三割が宝飾用で、残りの七割は工業用に使用されています。工業用の一つが自動車の排気ガス浄化です。これはプラチナの持つ化学反応を速める特性を生かしたものです。自動車エンジンから排出されるガスには、ガソリンが燃えた際に発生する炭化水素や窒素酸化物、一酸化炭素などの有害物質が含まれています。自動車の排出ガスをそのまま大気中に放出すると環境を汚染してしまうため、大気に放出する前に排気ガスをきれいに浄化する必要があります。そこで、自動車一台当たりに約一～五グラムのプラチナを使用して、自動車の排気ガス中に含まれる有害なガス成分を浄化しています。婚約指輪や結婚指輪のプラチナが環境対策に一役買っているとは意外ですよね？

余談ですが、化粧品に入っているプラチナは、プラチナをナノテクノロジーで五十万分の一ミリメートルの微細な粒にしたもので、化粧品のＣＭによると、「プラチナナノコロイドは体内にある活性酸素を取り除く作用があり、この化粧品を使うと老化した肌のシミやたるみをよくする効果がある」と紹介されています。

《参考文献》

菅野照造『貴金属の科学』日刊工業新聞社、二〇〇七年
山口潤一郎『よくわかる最新元素の基本と仕組み』秀和システム、二〇〇七年
朝日新聞科学グループ『今さら聞けない科学の常識』講談社、二〇〇八年

ボールペン

レア度　★★★☆

ペン先は精度・材質ともにすごいやつ

SCENE 19

：あー、このボールペン、インクがなくなっちゃったよ。新しいの買ってよ。

：前に何本かまとめて買ってあげたでしょ。あれはどうしたの？

：え～？　どこかにいっちゃったよ。

：たかがボールペン、されどボールペン。ボールペンにはすごい技術が隠されているんだよ。無駄にしないで、引き出しの中をよく探してみなさい。


身近な文房具であるボールペン。その歴史は万年筆や鉛筆と比べて浅く、一九四三年にハンガリーのラディスラオ・ビオが先端のボールからインクを出す、いわゆるボールペンの原型を発明したことが始まりのようです。

ボールペンは、文字を書くときに先端のボールが紙との摩擦で回転する際に、ボール裏側にある細いパイプから重力で供給されるインクをボール表面に付着させて、そのインクを紙に転写する筆記用具です。最近では、シャープペンシルと一体になった多機能ボールペン、受験生必須の多色ボールペン、書いた後に消せるボールペンなど、色々な種類のものが文具店にずらりと並んでおり、見ているだけでも楽しめますよね。ボールペンは筆記用具としての便利さが浸透したこともあり、今では当たり前の存在となっています。でも、そのボールペンのペン先は精度・材質ともにすごいのです。

まず精度ですが、ボールペンの性能は先端のボールとそれを支えるホルダーにかかっています。ボールペンで紙に文字を書くときの先端のボールの回転速度は、時速二〇〇キロで走る車のタイヤの回転速度と同じなのだそうです。そのため、先端のボールとそれを支えるホルダーの寸法がしっかりとそろっていないと、たちまちうまくボールが回転しなくなり、インクがかすれたり、出すぎたりしてしまいます。ですから、滑らかに文字を書くことができるボールペン先端のボールは、小さいくせにかなり精度よくできています。その大きさはボールペンの種類によっても異なりますが、おおよそ〇・二～一・六ミリメートル。この一ミリメートル前後のボールの真球度はなんと一〇〇〇分の三ミリメートルという驚くべき数字なのです。お父さん達の週末の娯楽であるパチンコの玉の大きさは約一一ミリメートルで、その真球度は約一〇〇〇分の二〇ミリメートルです。パチンコの玉と比べると、ボールペン先端のボールは小さくて真ん丸なのです。

次に材質ですが、ボールペン先端のボールは紙との摩擦で回転しているので、硬くて擦り減りにくいことが要求されます。そのため、金属をも削ることができる「超硬合金」と呼ばれる金属でできています。超硬合金とは、炭化タングステンというセラミックスをコバルトで固めた金属です。

実は、このタングステンとコバルトという金属は、最近、新聞やテレビでよく報道されているレアメタルです。経済産業省では、「レアメタルとは地球上の存在量が稀であるか、技術的・経済的な理由で抽出困難な金属のうち、現在、工業需要があり、今後も需要があるものと、今後の技術革新に伴い新たな工業需要が予測されるもの」と定義しており、自然界にある約九十種類の元素の約半分の四十七種類を指定しています。レア（＝珍しい）＋メタル（＝金属）であり、なにせ珍しく抽出しにくい金属なのです。珍しい金属だけあって、地球上の限られたところでしか産出されません。具体的には、タングステンの六〇％は中国、コバルトの五〇％はコンゴで、それぞれ産出されています。にもかかわらず、レアメタルはパソコンや携帯電話などのＩＴ製品にはなくてはならない金属であり、「産業のビタミン」とも呼ばれています。そのため、最近、世界各国がレアメタルの争奪戦を繰り広げています。

筆箱や机の上のボールペン。あまりにも身近な文房具のため、意識しなくなってしまっていますが、実は、精度・材質ともにすごいやつなのです。

《参考文献》

住友金属テクノロジー（株）「身近な筆記用具ボールペン」『つうしん』第五十五号、二〇〇七年

（株）アグネ技術センター「『攻玉』千夜一夜」『金属』第八十巻第一号、二〇一〇年、七五‐八〇頁

野口昭治『工学教育』第五十六巻第二号、二〇〇八年、二九‐三四頁

朝日新聞社『朝日小学生新聞』二〇〇九年十二月三十日

経済産業省「レアメタル確保戦略」二〇〇九年七月二十八日

メガネフレーム

レア度　★★☆☆

しなやかで折れ曲がらないゴムのような金属

SCENE 20

：ねぇ、私のメガネ知らない?

：知らないわよ。どこかに置いてあるんじゃない?

：探したけど、見つからないのよ。

：居間の座布団の上にあるよ。

：あーよかった。

：ちゃんと片付けておかないと誰かに踏まれちゃうわよ。

：大丈夫。これは曲がっても元どおりの形に戻るメガネフレームだから。

：そんなゴムのようなメガネフレームなんてあるの?

メガネフレームの産地として有名なのが百年以上の歴史を持つ福井県です。福井県のメガネフレームメーカーでは、消費者ニーズを探ってさまざまなメガネフレームの開発が進められています。踏んづけてもしなやかに曲がり、折れずに元の形に戻る、ゴムのような金属を使ったメガネフレームもその一つではないでしょうか?

レンズを支えるメガネフレームには、これまでにさまざまな金属が使用されてきました。初めは金や銀が主流でしたが、その後「洋白《ようはく》」と呼ばれる銅に亜鉛とニッケルを添加した金属が主流となりました。しかし、ニッケルによる金属アレルギーへの関心が高まったこともあり、今ではほとんど見かけません。メガネフレームの材料で注目したいのが、曲げても、曲げても、手を離すとすぐに元に戻るゴムのような金属。この不思議な金属について触れてみたいと思います。

書類を止めるゼムクリップを手に取って曲げてみてください。ゼムクリップがなければ針金でも構いません。力を入れるとゼムクリップは曲がり、力を抜いても曲がったままになりますよね。でも、大きく変形させても力を抜くと元の形状に戻る特殊な金属があります。この金属は、元の形状が記憶されているかのように戻ることから「形状記憶金属」と呼びます。形状記憶金属はニッケルとチタンをおよそ半分ずつ加えた金属で、子どもを対象とした科学館などでは、変形させても加熱すると元に戻る不思議な金属として紹介されています。メガネフレームに用いられている形状記憶金属はこの手の金属と同じで、加熱しなくても元に戻るように調整されています。

形状記憶金属は、メガネフレームのほかにブラジャーの形崩れ防止にも使われたこともあります。今の携帯電話にはアンテナが内蔵されているため外部アンテナはなくなりましたが、一世代前の携帯電話にはアンテナが付いていましたよね。あのアンテナにも形状記憶金属が使用されていました。

いまや百円ショップにまでメガネが売られている時代。百年の歴史を持つ福井のメガネ産業は、形状記憶金属のような消費者ニーズを酌み取った新たな商品開発が期待されています。

《参考文献》

白山晰也『眼鏡の社会史』ダイヤモンド社、一九九〇年
山内鴻之祐『第二〇六回塑性加工シンポジウム』二〇〇一年
住友金属テクノロジー（株）「眼鏡と眼鏡フレーム」『つうしん』第五十号、二〇〇六年

July - September

夏

マンホールのふた

レア度 ★★☆☆

形状と材質に工夫あり！

SCENE 21

：道路にある丸い鉄板は何なの？

：マンホールのふただよ。道路の下には、水を運ぶ上下水道管や電気が流れるケーブル、ガスを運ぶガス管などが埋められていて、それらは定期的に点検しなければいけないんだけど、マンホールはその時に人が入っていくための穴なんだ。丸い鉄板は、その穴をふさいでいるんだよ。

：なんで丸い形なの？

：それには理由があるんだ。

毎日何げなく歩いている道路。そこに必ずあるのがマンホールのふたです。しげし

げと眺めたことはほとんどないかもしれませんが、実はその形状と材質に工夫がなされています。マンホールのふたについて金属の観点から迫ってみたいと思います。

マンホールとは、地下に埋設した上下水道管や電気ケーブル、ガス管の点検や清掃のために作業者が出入りするための穴のことです。人（＝マン）が入る穴（＝ホール）だから、「マンホール」と呼ばれています。最近では、「グラウンドマンホール」と呼ぶ場合も多いようです。

ふだんは、マンホールに人や物が落ちないようにふたをかぶせてあります。マンホールを点検・整備する際には、作業者がマンホールのふたを開け閉めしますが、そのときに誤ってマンホールにふたを落とすと、マンホールで作業している人にぶつかって大変なことになってしまいます。そこで、誤ってマンホールにふたを落とさないように、マンホールのふたは丸形状になっています。四角形状だとふたがマンホールに落ちてしまうことがありますが、丸形状であれば、ひっくり返しても、逆さにしても、斜めにしても、ふたがマンホールに落ちることは決してありません。

マンホールの材料もまた工夫がなされています。道路に置かれているマンホールのふたは、車が通るたびにタイヤで何度も何度も踏みつけられます。タイヤで踏みつけられるだけで容易に変形したり擦り減ってしまうようでは、車がマンホールのふたの上を通るたびにガタガタして、うるさくてたまりません。そこで、マンホールのふたは強くて擦り減りにくい「ダクタイル鋳鉄《ちゅうてつ》」といわれる金属でできています。このダクタイル鋳鉄は、鉄に炭素を二%以上混ぜ合わせた金属で、振動を吸収する能力も持っています。ですから、車が通っても、マンホールのふたは変形したり擦り減ったりせず、また振動を吸収して静かです。

ちなみに、このマンホールには地域によって色々な絵や模様が描かれているのをご存知でしたか？　例えば、桃太郎の故郷として知られる岡山市のマンホールには桃太郎が、奈良公園のある奈良市のマンホールには鹿がそれぞれ描かれています。最近では、日本の多種多様なマンホールの写真を集めた写真集も発売されています。自分の町のマンホールや旅行先のマンホールを注意して見てみてはいかがでしょうか？　新たな発見があるかもしれませんね。

《参考文献》

日本グラウンドマンホール工業会ホームページ
造事事務所『街で見かけるナゾの機械・装置のヒミツ』ＰＨＰ研究所、二〇〇七年
垣下嘉徳『路上の芸術』新風舎、二〇〇五年
Remo Camerota : Drainspotting Japanese Manhole Covers, Mark Batty Publisher, 2010

飲料用アルミニウム缶

レア度　★★☆☆

アルミニウム缶はリサイクルの優等生

SCENE 22

：あ～のどが渇いたぁ。

：あそこに自動販売機があるから、飲み物でも買おうか。

：どれにしようかな？　これにする！

（プシュッ！　ゴク、ゴク）

おいしかった！

：飲み終わった空き缶はちゃんと専用の屑かごにいれるんだよ。

ちょっと歩けば、必ず見付かる自動販売機。のどが渇いたときなど、すぐに飲み物を買うことができて便利ですよね。飲み物の容器として定着したアルミニウム缶。環

境意識の高まりから、数ある金属の中でもアルミニウムの優位性が高まっています。アルミニウムが「リサイクルの優等生」と呼ばれる理由について、金属の観点から述べたいと思います。

アルミニウム缶が日本に登場したのは一九七一（昭和四十六）年。今では年間約一八〇億個のアルミニウム缶が消費されているそうです。一八〇億個のアルミニウム缶すべてが三五〇ミリリットル缶と仮定して縦に並べると、その長さは地球五十四周分に相当します。ちょっと想像できないくらいの数ですよね。

アルミニウム缶の素材であるアルミニウムは、「ボーキサイト」といわれる原料を化学処理した後に電気を使ってつくられます。その際にかなり多量な電気を必要とするため、アルミニウムは「電気の缶詰」といわれています。具体的には、ボーキサイトから一トン（一〇〇〇キログラム）のアルミニウムをつくるのに一般家庭の約七年分の電力エネルギーが必要です。一方、いったんつくられたアルミニウム製品をもう一度溶かして再利用するのに必要なエネルギーは、ボーキサイトからつくるエネルギーの約三%で済みます。ですから、使用済みアルミニウムをどんどん再利用すれば少ないエネルギーで済むので、アルミニウムは非常にエコな金属ということになるのです。

アルミニウム製品の中でもリサイクルが一番進んでいるのはアルミニウム缶です。消費者のリサイクル意識が浸透していることもあり、アルミニウム缶の回収活動が確実に行われています。回収されたアルミニウム缶はさまざまな工程を経てアルミニウムに生まれ変わります。このようなアルミニウム缶のリサイクル率は毎年九〇％を超える高い水準を推移しています。すごい数字ですよね。アルミニウム缶から生まれ変わったアルミニウムが新たなアルミニウム缶に生まれ変わる割合は約七〇％前後で、そのほかはエンジンなどの自動車用部品に再利用されています。ちなみに、アルミニウム缶以外の飲み物の金属製容器といえばスチール缶ですよね。スチール缶は鉄に〇・〇二〜〇・〇六％の炭素と極微量のアルミニウムとマンガンを添加した金属からできています。缶への充填後に加熱殺菌処理の必要があるお茶やコーヒーは、強度の観点からスチール缶が使われています。スチール缶のリサイクル率は、アルミニウム缶より若干劣り、九〇％に達していません。

身近な金属であるアルミニウム。昔はボーキサイトから取り出すのが難しかったため、金や銀に並ぶ貴金属として珍重されていたそうです。今から一五〇年ほど前の一八五六年、ナポレオン三世は特に大切なお客をもてなすためにアルミニウム製のスプーン、フォークをつくらせたそうです。

ナポレオン三世がアルミニウム製のスプーン、フォークをつくらせてから約一五〇年後の現代。中国をはじめとする新興国での金属資源の需要が拡大し、リサイクルは資源の少ない日本にとって貴重な資源確保の有効手段といえます。そういった観点では、アルミニウムは今も昔も貴重な金属といえます。皆さん、ジュースを飲み終わったら空き缶をちゃんと専用の屑かごに入れましょう。また、自治会や町内、学校などの回収活動にも積極的に協力しましょうね。

《参考文献》

日刊工業新聞社「アルミニウム缶」『モノづくり解体新書　六の巻』一九九四年
朝野秀次郎『金属』第七十一巻第一号、二〇〇一年
アルミ缶リサイクル協会ホームページ
山口英一『トコトンやさしい非鉄金属の本』日刊工業新聞社、二〇一〇年
スチール缶リサイクル協会ホームページ

缶詰の缶

レア度　★☆☆☆

ブリキってなに?

SCENE 23

：お昼に空けた缶詰を流し台に置いておいたら、もう茶色くさびている！
缶詰を開ける前は全くさびないのに。

：本当だ！　缶詰の切り口がさびで真っ赤だ！

：それは、ブリキ表面の錫《すず》がはげたからだよ。

：ブリキってなんなの？

ブリキ。今の子どもにはなじみのない言葉かもしれませんが、ブリキと聞いて思い出すのがブリキのおもちゃ。最近のお宝発見のテレビ番組で、高価な古いブリキのおもちゃが紹介されたりしていますよね。このような昔のおもちゃに使われていたブリキは、今も缶詰に使用されています。それでは、このブリキについて、金属の観点から迫ってみたいと思います。

ブリキとは、鉄がさびないように鉄の表面に錫《すず》をコーティングしたもののことです。その語源はオランダ語の「Blik（薄鉄板）」がなまったものといわれています。その歴史は古く、ブリキは十三世紀ごろのボヘミア地方（現在のチェコ）で最初につくられたといわれています。日本では一九二三（大正十二）年に国産ブリキの出荷が始まったそうです。ちなみに、「ブリキ」とよく似た言葉で「トタン」があります。トタンは鉄に亜鉛をコーティングしたもので、トタン屋根で知られているように屋根材に使用されます。その語源もオランダ語で、「Tutanaga（亜鉛）」だそうです。

それでは、なぜブリキが缶詰に使われているのでしょうか？　それには三つの理由があります。

まず一つ目の理由はさびにくさです。ブリキはさびずにいつまでも銀白色のままなので、見栄えのよさが保たれます。

二つ目の理由は加工性のよさです。錫は軟らかいため、曲げても、延ばしても、鉄の表面にコーティングされた錫が裂けることなく、下地の鉄と一緒に変形します。ですから、缶詰の形に加工された後も、表面には均一に錫がコーティングされていて、さびが発生しません。

三つ目の理由はインクののりのよさです。スーパーの缶詰コーナーには、赤色や青色で銘柄などが印字された缶詰が数多く並んでいますが、これはブリキへのインクののりのよさによって実現しています。

このように、さびにくさ、加工性のよさ、インクののりのよさの三つの理由から、ブリキは缶詰の材料としてうってつけの金属なのです。しかし、このさびにくいブリキも表面に傷がついて錫がはげたり、缶切りで缶詰を開けることによって切り口に素地の鉄がむき出しになったりすると、そこからさびが発生してしまいます。だから、ママや娘が驚いたんですね。

このようなちょっとした傷でも、表面の錫がはげてしまうと途端にさびてしまうブリキ。食べ物の入った缶詰の内面もいずれはさびちゃうんじゃないかと、心配になっちゃいますよね。せっかくですので、ここで缶詰の内面の秘密についても触れておきます。

確かに、さびにくいブリキといっても缶詰の内容物によってはさびてしまう可能性がありました。例えば、カニ缶やホタテ缶の場合は、食物中に含まれる硫黄によってブリキが黒くさびてしまいます。昔のカニ缶は、カニの切り身が紙に包まれていましたよね。あれは、紙を使って直接カニの切り身がブリキに触れないようにするためです。今の缶詰はさびないようにプラスチックが上塗りされていますので、内面がさびてしまうことはありません。缶の裏に書かれた賞味期限内であれば安心して召し上がれます。ちなみに、(社)日本缶詰協会は、一八七七(明治十)年十月十日に始まった、石狩川のサケを原料とした缶詰製造を記念して、毎年同日を「缶詰の日」と制定しています。

《参考文献》

日刊工業新聞社「缶」『モノづくり解体新書　三の巻』一九九三年
住友金属テクノロジー(株)「身近にある缶詰と缶切り」『つうしん』第三十号、二〇〇一年
(社)日本鉄鋼協会「缶詰」『ふぇらむ』第九巻第十号、二〇〇四年、七-八頁
(社)日本鉄鋼連盟ホームページ
(社)日本缶詰協会ホームページ

金属バット

レア度 ★☆☆☆

感動のホームラン、それは優れたアルミニウムのおかげ？

SCENE 24

：もうテレビ中継は始まったかな。パパが卒業した高校が夏の甲子園に出ているんだよ。

：知らないわよ。

：つめたいなぁ。

（テレビをつけて）

おう、やってる、やってる。

あっ、負けてるじゃないか！

九回裏、ツーアウト、満塁。一発出れば逆転サヨナラ。夏の甲子園高校野球大会で、自分の出身高校がそのような場面だとしたら、手に汗握りながらテレビを見てしまいます。そんなときに「カキーン！」。最近の大型液晶テレビの臨場感もあって、まるで球場のスタジアムにいるようについつい大声を出してしまいそうですね。

この「カキーン！」といい音がする金属バット。実はアルミニウムでできています。アルミニウムといっても単なるアルミニウムではありません。「ジュラルミン」という特殊なアルミニウムです。

このジュラルミンは一九〇六年にドイツ人のウィルムによって発見された、亜鉛とマグネシウムを数％添加したアルミニウムで、アルミニウムの軽量という特長を持ちながら、鉄並みの強度があります。

そのため、ジュラルミンは金属バットのほかに、大空を羽ばたき、世界をつなぐ旅客機の素材にも使用されています。例えば、アメリカのボーイング社がつくっている旅客機Ｂ７４７は約八一％、Ｂ７７７は約七〇％がこのジュラルミンをはじめとするアルミニウムでできています。しかし、最近の後継機種であるＢ７８７では、ガラス繊維や炭素繊維をプラスチックの中に入れた「複合材料」と呼ばれる、アルミニウムよりさらに軽くて強い材料が多く使われるようになってきています。長年、旅客機の主要材料として君臨してきたアルミニウムの立場が危うくなってきています。

アルミニウムだってプラスチックに黙って地位を譲るわけにはいきません。新たなアルミニウムで対抗し始めています。例えば、アルミニウムにリチウムという最も軽い金属を混ぜた新しいアルミニウムが開発されています。この金属は、非常に軽くて丈夫な金属なので新たな航空機用の材料として期待されています。このようにアルミニウムが今後さらに進化していけば、航空機のアルミニウム化が再び進むであろうといわれています。ちなみに、このリチウムという金属は、皆さんが持っている携帯電話やパソコンなど、さまざまな電子機器のバッテリーにも使われています。

今から約百年前に発見されたジュラルミンは、高校野球の金属バットから大空を羽ばたく旅客機まで幅広く使われています。軽さと強さを持ち合わせたアルミニウムはこれからも進化し続けて、もっともっと身近な金属となっていくでしょうね。

《参考文献》

日刊工業新聞社「金属バット」『モノづくり解体新書　一の巻』一九九二年

斉藤勝裕『レアメタルのふしぎ』ソフトバンククリエイティブ、二〇〇九年

消臭スプレー

消臭スプレー

レア度 ★★☆☆

銀が汗のニオイ対策に大活躍!?

SCENE 25

：ただいまぁ。あ～、今日は暑かったなぁ。

：おかえりなさい。今日もお疲れさまです。

：パパ、何かくさ～い。

：ごめんごめん。今日、暑かったから、汗かいちゃって。すぐお風呂入るよ。

：私の携帯デオドラントスプレー貸してあげる。明日も暑いらしいから、汗かいたらしっかりスプレーを使うんだよ。

：わかった、わかった。デオドラントスプレー借りてくよ。なるほど、銀入りかぁ。

：デオドラントスプレーに、何で銀が入っているの？

近年の夏は猛暑の日が多く、日中の気温が三〇度以上の日が何日も続く場合も少なくありません。そのため、日本政府は地球温暖化対策や夏期の電力不足の解消をねらってノーネクタイ、ノージャケットなどの、いわゆるクールビズを推奨しています。二〇一一（平成二十三）年の夏には、これまでのクールビズをさらに進化させたスーパークールビズといわれるポロシャツやアロハシャツの着用も提案されました。しかし、どれだけ服装が軽装になっても、暑い夏はどうしても汗をかいてしまいます。そんなときに気になるのが体臭ですよね。そこで活躍するのは、汗の匂いを抑えるデオドラントスプレーです。このデオドラントスプレーの成分について、金属の観点から迫ってみたいと思います。

デオドラントスプレーは、たくさんのメーカーからさまざまなものが発売されており、薬局やコンビニに数多く並んでいますよね。その中の幾つかに、銀成分を含んだデオドラントスプレーがあります。

銀といえば思い浮かべるのは、銀の光り輝く特長を生かしたアクセサリーなどの装飾品でしょう（※詳しくは、「アクセサリー①／銀のアクセサリーに書いてある数字SV950って何？」を参照）。実は、銀にはもう一つの特長があります。それは殺菌力です。銀はほとんどの細菌に対する殺菌効果が認められています。そのために、銀は細菌による体臭を脱臭するデオドラントスプレーの成分の一つとして使われているのです。デオドラントスプレーのほかに、公衆浴場の殺菌にも銀が使われているそうです。また、最近では銀粒子で覆われた殺菌効果のある砂も開発され、幼児向けの遊戯施設の砂場に使用され始めています。

でも、細菌を殺してしまうような危険な金属は人間にも悪影響を与えてしまうのでは？　と心配になる方がいらっしゃるかもしれません。いえいえ、心配無用です。銀は細菌に対して殺菌力を有する一方で、人間をはじめとする動物に対して毒性が低い金属であることも知られています。銀は金属の中で最もアレルギーを起こしにくい金属で知られており、中世ヨーロッパ時代から銀製の食器が使われていることが何よりの証拠です。銀は、いわば私たちを細菌から守ってくれる影のお医者さんって感じですね。デオドラントスプレーして、家族のために暑い夏を乗り切るぞ！

《参考文献》

菅野照造『貴金属の科学』日刊工業新聞社、二〇〇七年
ロバート・ウィンストン（相良倫子訳）『目で見る化学』さ・え・ら書房、二〇〇八年
日本経済新聞、二〇〇九年十一月六日

水道金具

レア度 ★☆☆☆

水道水への鉛の影響

SCENE 26

：ただいまぁ～。あ～のどが乾いた！　水！　水！

：うがいと手洗いしてからよ。

：ちょっと待って！
水道水の水を飲むのなら、しばらく水を流してからにしたほうがいいよ。

：どうして？

：それには理由があるんだよ。

日本は世界的にみても水が豊富な国として有名で、安心して水道水をガブ飲みできる数少ない国の一つです。これは、日本が四季を通じて適度の降雨に恵まれた気候だ

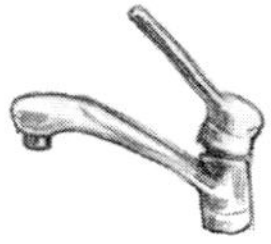

からでしょう。しかし、いくら水に恵まれた日本といえども、水道水を飲む際はちょっとだけですが気をつけたほうがよさそうです。というのは、水道水の中にごく微量ではありますが、有害な鉛が含まれている可能性があるからです。水道水の中に含まれる鉛について触れてみたいと思います。

鉛の人体への影響については古くから知られており、何らかの原因で体内に入ると神経系に影響を及ぼすといわれています。江戸時代に使用されていた白粉《おしろい》は酸化した鉛を主成分としており、その白粉による中毒はよく知られています。

実は、水道の蛇口や配管部品の一部に鉛を含む銅が使用されていました。二〇〇三（平成十五）年四月より日本における鉛の水質基準が強化されたこともあり、これまで使用されていた鉛を含む銅がクローズアップされました。そもそも水道の蛇口や配管部品の銅に鉛が含まれている理由は、水道の蛇口や配管部品へ加工しやすくするためです。銅に鉛が入ることによって、複雑な形状でも固まりやすく、また固まったものはスイスイ削りやすくなるのです。しかし、鉛の水質基準強化に伴い、鉛の代わりにビスマスやシリコンといった金属を混ぜた新しい銅が開発され、水道の蛇口や配管部品に用いられ始めています。

最近、水に対する安全意識が高まり、それに伴い色々な浄水器が販売されています。浄水器の中で最も簡単なものは、水道の蛇口に取り付けるカートリッジタイプのもの

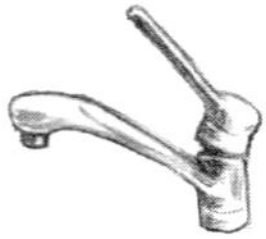

です。最近の浄水器は、交換目安を表示するタイプもあり便利ですよね。カートリッジの内部の活性炭素や中空糸フィルターが水道水に溶け込んだ鉛はもとより、塩素などの化学物質も取り除いてくれます。浄水器がない場合は、朝一番に水道水の水を使う際はしばらく流して水道管内に滞留していた水を捨てた後に飲むほうがよいといわれています。

あまり、なまりは飲まないほうがよいようです（笑）。

《参考文献》

大石恵一郎ほか『まてりあ』第四十六巻第一号、二〇〇七年
大阪市水道局ホームページ
横須賀市上下水道局ホームページ

砂鉄

レア度 ★☆☆☆

砂鉄といっても、鉄というよりは石の一種です

SCENE 27

：今日、久しぶりに低学年の子と一緒に、学校の校庭で砂鉄集めをしたよ。

：そうなの。いっぱい集まった？

：低学年の子から頼まれるもんだから、砂鉄を集めるために、何回も磁石を砂に埋めて大変だったよ。

：それは苦労したわね。

砂鉄

子どものころ、小学校の校庭や公園の砂場で磁石にくっついてくる砂鉄で遊んだ記憶のある方は多いでしょう。集めた砂鉄を紙の上において紙の裏から磁石を当てて動かすと、砂鉄はまるで生き物のように紙の上を踊ります。この砂鉄のことをほとんど

の人は「砂鉄は磁石にくっつくのだから鉄」と思っていますよね。でも、この砂鉄。正確には鉄ではなく、どちらかというと石が正解です。

砂鉄は、日本全国のどこの砂にも含まれており、場所よっては砂鉄を多く含む砂浜もあるそうです。黒ずんだ帯のように砂鉄が堆積した砂浜もあります。細かい砂のような形状から「砂鉄」と呼ばれてはいますが、実は「磁鉄鉱」といわれるさびた鉄の粉なのです。もともとは「花崗岩《かこうがん》」と呼ばれるごま塩を固めたような石の中に磁鉄鉱の小さな粒があり、それが長年の風化によって分離したものです。ですから、この砂鉄は鉄というよりは石ということになります。

砂鉄は大きく山砂鉄、浜砂鉄、川砂鉄、湖岸砂鉄の四種類に分けられます。日本では鉄鋼石がほとんど取れませんが、砂鉄が多く取れるため、砂鉄は日本刀をはじめとする鉄製品の原料として広く利用されてきました。砂鉄の種類によって含まれる鉄量が異なり、不純物の多い砂鉄では良質な日本刀をつくるのが難しくなるそうです。

小学校の校庭や公園の砂場にある身近な砂鉄。大昔は貴重な日本刀の原料だったのですね。

《参考文献》

住友金属テクノロジー（株）「砂鉄を分析する」『つうしん』第七号、一九九五年
化学大辞典編集委員会『化学大辞典３』共立出版、一九六三年
窪田蔵郎『鉄から読む日本の歴史』講談社、二〇〇三年
清水欣吾『まてりあ』第三十三巻第十二号、一九九四年
板倉聖宣『砂鉄とじしゃくのなぞ』仮説社、二〇〇一年

新五百円硬貨

レア度 ★★★★

昔の五百円玉と違って少し変な色していない？

SCENE 28

：ただいまー。

：おかえり。お買い物、お疲れさま。何かおいしいものあった？

：今日は新鮮なお刺身があったので買ってきちゃった。

：今晩のお夕飯、楽しみ。

：そういえば、お刺身買ったときにもらったお釣りの五百年玉、赤茶けた色をしていて、五百円玉でないのかと思っちゃった。

：ははーん、変色しちゃったんだな。

：五百円玉って銀白色しているんじゃなかった？

：それは昔の五百円玉。今のは少し黄色っぽい銀色をしているよ。

少し黄色っぽい銀色が、何でこんなに赤茶けるの？

現在、日本には、一円、五円、十円、五十円、百円、五百円の六種類の硬貨があります。この六種類の硬貨の中で五百円硬貨が最も歴史が浅く、一九八二（昭和五十七）年に五百円紙幣の製造中止とともに登場しました。この五百円硬貨を題材に、金属の色について触れてみたいと思います。

一九八二年に登場した五百円硬貨の材質は、一九九九（平成十一）年までの十九年間、銅に二五％のニッケルが入った「白銅《はくどう》」、あるいは「キュプロニッケル」と呼ばれる金属でした。五十円硬貨や百円硬貨は当時の五百円硬貨と同じ金属でできております。この金属は非常にさびにくい性質を持っているので、中近東諸国、東南アジア、中国などの海水淡水化装置やＬＮＧ、石油精製・石油化学などの各種プラント用部品に使用されています。

しかし、五百円硬貨の偽造や変造により自動販売機から釣銭を搾取する事件が発生したため、二〇〇〇（平成十二）年より新型の五百円硬貨が導入されました。新しい五百円硬貨は、銅に八％のニッケルと二〇％の亜鉛が入った金属です。ニッケル量が二五％から八％に減って、新たに二〇％もの亜鉛が入りました。

金属の色は、まるで絵具を混ぜるように添加する金属によって色が変化します。例えば、銅にニッケルを入れると赤色から銀白色へと変化し、亜鉛を入れると黄金色へと変化します。昔の五百円硬貨や今の百円硬貨が銀白色であるのはこのニッケルが二五％含まれているためです。今の五百円硬貨は、八％のニッケルのほかに銅の赤色を黄色に変化させる亜鉛が二〇％含まれており、そのために少し黄色っぽい銀色をしています。

さて、皆さんのお手元にある新五百円硬貨をよく見てください。所々、くすんだ黄色になっていたり、赤茶けた色になっていませんか？　銀行に行って、できたてほやほやの新五百円硬貨をもらってきて比較すると、その違いは一目瞭然です。百円硬貨や昔の五百円硬貨ではこのような変色は起こりません。これは五百円硬貨に含まれるニッケルの量が二五％から八％に減ったためです。ニッケルは銅の変色を防止する効果があり、ニッケル量が減少したため、変色しやすくなったわけです。以前には硬貨流通用の布袋から腐食性ガスが発生し、使用前の五百円硬貨が赤茶色に変色してしまったというニュースもあったほどです。

その一方で、ニッケルはアレルギーを引き起こす金属として知られています（※詳細は、「アクセサリー②『金属アレルギー』に要注意」を参照）。ヨーロッパで使用されているユーロコインは、高度な不正防止技術が用いられている一および二ユーロ以外は、ニッケルアレルギー対策としてニッケルを含まない「ノルディックゴールド」と呼ばれる金属を使用しています。新五百円硬貨は昔の五百円硬貨よりニッケル量が減っていますので、ニッケルアレルギーといった観点からは安心ですね。

《参考文献》

（独）造幣局ホームページ
肥田宗政ほか『第五十七回日本分析化学会年会講演要旨集』二〇〇八年
岡田勝蔵『コインから知る金属の話』アグネ技術センター、一九九七年
C. Kohl : American Metal Market, Vol.107, No.5, 1999
European Union　HP

イミテーションゴールド

レア度 ★★★★

SCENE 29

いかに金に見せかけるかが勝負

：このアクセサリー、きれいな金色でしょう？　しかも安かったんだから。

：まさか本物の金でできているなんて思っていないわよね？

：えっ？　これって金じゃないの？　金じゃなくて、一体何なの？　おしえてよ～！

人類は、太古の昔から黄金色輝く金に魅了されてきました。「金を手に入れたい！」という欲望は計り知れず、人類が金を手に入れようとしたエピソードは枚挙にいとまがありません。

鉛や水銀を金に変えようと試みた錬金術師たち。万有引力の発見で有名なアイザック・ニュートンも錬金術師として研究を重ねて、後に水銀中毒症に陥ったことは有名です。

また、十九世紀には一角千金を狙う人々がこぞって砂金を集めたゴールドラッシュ。アメリカ カリフォルニアのゴールドラッシュの発端は、一人の大工が製粉所の放水路で金の粒を見つけたことだったそうです。それがきっかけで人口は約二〇万人にまで急増し、西部の開拓が急速に進みました。

さらに、金の黄金色を別の金属で模倣するイミテーションゴールド。これもまた人間の欲望から生まれた金属ではないでしょうか？

金属は数あれど、そのほとんどは鉄やアルミニウムのような銀白色の金属で、色の付いた金属は金と銅の二種類のみです。しかし、金と銅のうち、その色がくすまずに永遠に美しさを保つ金属は金のみです。というのは、銅は美しい赤色ですが、時間が経つとその色がくすんできます。お手元のお財布に入っている十円硬貨を見てくださ い。十円硬貨は銅を主成分とする金属です。お財布に入っている十円硬貨のほとんどは黒ずんだ赤色ですが、その中に一個か二個くらい光り輝く赤色の十円硬貨がありませんか？　その十円硬貨の発行年を見てください。一～二年ほど前に発行された十円硬貨ではありませんか？　このように、銅は時間とともにその色がくすんでしまいます。

金の色は美しい黄金色ですが、このような素晴らしい黄金色を模倣しようとしてつくり出された金属が、イミテーションゴールドです。イミテーションゴールドで有名

なのが、「アルミニウム青銅」とも呼ばれる金属です。この金属は銅にアルミニウムを五％前後加えた金属で、金と同じ美しい黄金色を示します。イミテーションゴールドとして用いられている金属のほとんどは、銅にアルミニウムを加えた金属です。しかし、この種のイミテーションゴールドもしょせん銅を主成分としていますので、十円硬貨と同じように時間とともに色がくすみます。イミテーションゴールドで金の黄金色をまねることができても、金の永遠に光り輝く特長をまねることは不可能なのです。そのため、このようなイミテーションゴールドを模造金塊や安価なアクセサリーに使用する場合、ほとんどはその表面に特殊なさび止め剤を塗って色のくすみを遅延させています。

うちの娘も何年か後には彼氏から本物の金のアクセサリーをプレゼントされるときがくるんだろうな。ちょっとさみしいなあ・・・。

《参考文献》

セオドア・グレイ（武井摩利訳）『世界で一番美しい元素図鑑』創元社、二〇一〇年
村上陽太郎ほか『伸銅技術研究会誌』第九巻、一九七〇年
Li Baomian : Transactions of Nonferrous Metals Society of China, Vol.3, No.3, 1993

October - December

秋

花　火

花火はどうして色々な色がでるの？

レア度　★★☆☆

SCENE 30

（ヒュー、ドン、ドン、パンッ、パンパパンッ。）

：秋なのに打ち上げ花火の音がするけど、随分、季節外れの花火ね。

：あれは、結婚式場で上げている花火だよ。ナイトウエディングならではの演出だよ。

：なるほど。

：パパ、私の結婚式でもよろしくね。

：花火は旦那に上げてもらえよ。（苦笑）

：僕の結婚式は、思いっきり花火を上げて盛大にやるんだ。

：お前は意外と見栄っ張りだね。（苦笑）

夏の風物詩であった花火ですが、最近は、遊園地や結婚式場などのクライマックスシーンでも上げられるようになりました。日本で開催される花火大会はおよそ年に七〇〇〇回前後で、遊園地などのイベントも含めると年に八五〇〇回くらいの花火が上げられているそうです。ということは、一日に二十回以上は全国のどこかで花火が上がっている計算になりますね。花火には、夜空に大輪の花を咲かせる打ち上げ花火から可憐な光を生み出す線香花火まであり、青色、赤色、黄色と、多彩な色を発色します。この花火も金属が密接に関係しています。

金属や金属を含んだ物質を炎の中に入れて強く熱すると、金属特有の色の炎が表れます。これは「炎色反応《えんしょくはんのう》」と呼ばれる現象で、花火はこの現象を利用したものです。具体的にいうと、金属の炎色反応による炎の色は次のとおりです。リチウムは赤紅色、ストロンチウムは黒っぽい深赤色、バリウムは黄緑色、銅は青緑色、錫《すず》は淡い青色、チタンは金色、アルミニウムは銀色になります。

料理に使う食塩は塩化ナトリウムという物質で、ナトリウムという金属を含んでいます。このナトリムという金属は燃えると橙黄色を示します。お鍋からお味噌汁が吹きこぼれて、五徳《ごとく》のところで橙黄色の炎が上がるのを見たことがあるかと思います。これはまさに花火と同じナトリウムの炎色反応です。

炎色反応の原理は少し難しい内容ですが、少し触れておきます。炎の中に金属を入れると金属はエネルギーを吸収してエネルギーが高い状態になります。その後、再びエネルギーが低い状態に戻ろうとするときに光を発色します。そのときの現象が炎の色として現れます

花火やお味噌汁の吹きこぼれの炎色反応。実は、結構、難しい現象が起こっているのですね。

《参考文献》

冴木一馬『花火のふしぎ』ソフトバンククリエイティブ、二〇一一年
ロバート・ウィンストン（相良倫子訳）『目で見る化学』さ・え・ら書房、二〇〇八年
佐々木昭弘『理科のなぞ②』草土文化、二〇〇七年
増本　健『金属なんでも小事典』講談社、一九九七年

銅おろし金

レア度 ★★☆☆

職人の技が生み出すシャープな切れ味

SCENE 31

：新鮮な秋刀魚があったから、今日の夕飯は秋刀魚の塩焼きよ。

：秋刀魚の焼けたいい匂いがするなー。うまそう。もちろん、大根おろしもあるよね。

：もちろん。この間、デパートで買った銅製のおろし金でおろしてあるわよ。

：たしか、そのおろし金、割と高かったように記憶しているけど、大根のおろし具合はこれまでのとは違った？

：なんか、すいすいおろせちゃった。

秋刀魚には欠かせない大根おろし。その大根おろしを仕上げるおろし金。職人の匠の技によってつくられた銅おろし金でおろした大根おろしは一味違うらしいのです。一般家庭にあるおろし金の素材はアルミニウムが主体で、機械加工によって刃が目立てられています。そのため刃が規則正しく並んでおり、例えば大根の同じところを何度も往復させていると、おろしている面に筋がついてしまいます。するとおろし金の目に大根が引っかからなくなり、しまいにはおろせなくなってしまいます。そのため、機械加工によって刃が目立てられたおろし金を使用するときは、無意識かもしれませんが、大根を持ち直したり、大根の位置を変えたりしながらおろしていると思います。

一方、職人によって手作業で目立てられた銅おろし金は不規則に刃が並んでいるため、おろし続けていてもおろし金の目に常に引っかかり続けるので、大根を持ち直したり、大根の位置を変えたりする必要がありません。ですから、職人によって手作業で目立てられた銅おろし金を使うと、すいすい大根をおろせて、また、でき上がった大根おろしは料亭で味わうようなふんわりとした食感を感じるのかもしれません。

銅おろし金にはもう一つのメリットがあります。それは、抗菌効果です。銅には殺菌・消毒作用があり、最近猛威を振るった病原性大腸菌O-157も含めてさまざまな細菌や微生物に対しても高い抗菌効果があることが認められています。

料亭で使用されている銅おろし金。大根おろしの口当たりのよさと衛生面からお勧めします。

《参考文献》

近角聡信『日常の物理』東京堂出版、一九九四年
(社)日本銅センター『銅』、第一三七号、二〇〇一年
(社)日本銅センターホームページ
(社)日本銅センター『くらしの活銅学』技報堂出版、二〇〇七年

白熱電球

レア度 ★★☆☆

SCENE 32

暖かい色合いの白熱電球

：うわぁっ！

：どうしたのよ？

：突然、トイレの電気が切れちゃって、真っ暗になったの！

：そうだったの。パパに言って電球替えてもらわないとねぇ。

白熱電球

地球温暖化防止の観点から、消費電力が多くて寿命の短い白熱電球が使用されなくなりつつあります。その代わりに寿命が長く省エネ効果の高いＬＥＤ電球（※詳細は、「ＬＥＤ電球／注目されているＬＥＤ電球、さてその実力は？」を参照）が使用され始めています。しかし、あの暖かい色合いの白熱電球は、ちょっとレトロっぽくて何か懐かしさを感じさせてくれます。そのせいか、最近のＬＥＤ電球には、リモコンスイッチで白色と暖かい色合いの白熱電球色を選択できるようになっているものもあります。この人に和みのある明かりを提供してくれる白熱電球も、金属が深くかかわっています。

白熱電球の発光する部分には、「タングステン」と呼ばれる金属が使用されています。タングステンはスウェーデン語で「硬い」という意味であり、溶ける温度が三三八二度ととてつもなく高温です。白熱電球の中には、「フィラメント」と呼ばれるコイル状に巻かれたタングステンが入っており、そこに電気が流れることによって自身の電気抵抗によって約二千数百度に熱せられて、白熱化して赤みを帯びた白色光を発します。あの白熱電球の暖かい色はタングステンが発光した色だったのです。フィラメントは電気を灯けたり消したりするたびに加熱と冷却を繰り返すため、最後には切れてしまいます。このフィラメントが切れると白熱電球は寿命となります。

白熱電球の開発エピソードとして有名なのが、京都の石清水《いわしみず》八幡宮境内の竹を用いた発明王エジソンのフィラメントですよね。エジソンは一八七七年から白熱電球の研究に着手し、フィラメントの材質について数多くの実験をしたそうです。その結果、フィラメントの最適な材料として行き着いたのが竹の繊維で、石清水八幡宮境内の竹を用いた電球は一二〇〇時間も光ったそうです。ただし、この当時の電球の明るさは、なんと現在の白熱電球のたった十分の一だったそうです。石清水八幡宮境内には、これを記念した「エジソン碑」があります。その後、一九一〇年にアメリカのクーリッジによって、現在と同じタングステンフィラメントが使用されるようになりました。

白熱電球を日本で初めてつくった（株）東芝は、二〇一〇（平成二十二）年三月三十一日の日本経済新聞に、装置前に立つ十一名の従業員の写真を使用した次のような広告を、見開きで載せました。

「一二〇年間、おつかれさまでした。そして、ありがとうございました。
二〇一〇年三月、東芝は一般白熱電球の製造を中止いたしました。
今後はＬＥＤ電球で皆さまを照らしていきます。」

京都の石清水八幡宮の竹からタングステンに変化していった白熱電球も、最近のエコ替えの動きで衰退していく一方なのは、少し寂しい気持ちがします。

《参考文献》

日刊工業新聞社「白熱電球」『モノづくり解体新書　一の巻』一九九二年

住友金属テクノロジー（株）「近代的な明かりの始まり 白熱電球」『つうしん』第三十一号、二〇〇一年

住友金属テクノロジー（株）「白熱電球Ⅱ」メールマガジン、第十九号、二〇〇八年

藤崎　昭ほか『家電製品がわかるⅡ』東京書籍、二〇〇八年

高橋俊介『おもしろサイエンス　照明の科学』日刊工業新聞社、二〇〇八年

日本経済新聞、二〇一〇年三月三十一日

LED電球

レア度 ★★☆☆

注目されているLED電球、さてその実力は？

SCENE 33

：今日、突然、トイレの電気が切れちゃって、真っ暗になったの！
電球を取り替えないといけないわよ。

：それじゃ、会社の帰りにでも電気屋さんに寄ってくるよ。

：環境にやさしいＬＥＤ電球ってどうなの？

：寿命や消費電力量を考えるとＬＥＤのほうが得だけど、値段がねぇ・・・・・。

地球温暖化防止の観点から、国民のエコ意識が高まり、消費電力が少なくて長寿命なＬＥＤ電球が注目され始めています。最近の省エネ照明の購買意欲に関する調査結果によると、約八割の人が「今は使っていないが、使ってみたい」と答えています。

LED電球

果たして、最近注目されているＬＥＤ電球、その実力やいかに？

ＬＥＤとはLight Emitting Diodeの頭文字をとったもので、「発光ダイオード」とも呼ばれています。白熱電球（※詳細は、「白熱電球／暖かい色合いの白熱電球」を参照）は電流を流して抵抗加熱によりフィラメントを白熱させて発光していますが、ＬＥＤ電球は電気エネルギーを直接光エネルギーに変換して発光します。そのため効率的に発光できるのです。ＬＥＤ電球に使用されている金属は、赤色を発色するものはガリウムとヒ素、緑色を発色するものはガリウムとリンであり、ガリウムはレアメタルの一つです（※詳細は「ボールペン／ペン先は精度・材質ともにすごいやつ」を参照）。

近年、ＬＥＤ電球が急速に普及した背景には、青色を発色するＬＥＤの開発があります。青色ＬＥＤの商品化は、二十世紀中には実現不可能といわれていましたが、一九九三（平成五）年、当時、日亜化学工業（株）の中村修二氏が世界に先駆けて商品化に成功しました。青色ＬＥＤは、ガリウムとインジウムと窒素からできています。ちなみに、インジウムもレアメタルです。この青色を発色するＬＥＤの出現により、光の三原色である赤色、緑色、青色のＬＥＤがそろって、白色の光源をつくることができたのです。ＬＥＤは家庭用電球以外に、信号機や野球場などの大型スクリーンにも採用されています。

ＬＥＤ電球は、寿命が白熱電球の約四十倍長持ちし、消費電力が白熱電球の七分の

一から九分の一と、圧倒的に魅力がありますが、欠点も二つあります。

一つ目の欠点は、熱に対する弱さです。ＬＥＤは約八〇度の熱で劣化してしまうので、熱がこもってしまう密閉タイプの照明器具には使用できない場合もあります。ですから、ＬＥＤ電球をご購入前には確認が必要です。

二つ目の欠点は、その価格です。白熱電球はいまや百円ショップでも販売されているくらいリーズナブルなお値段ですが、ＬＥＤ電球の価格は白熱電球の二十～四十倍くらいの値段です。寿命や消費電力量を考えるとＬＥＤ電球のほうがお得ですが、初期投資が高いことがネックです。先の調査結果では、「ＬＥＤ電球がいくらなら積極的に買うか」の質問に対しては、二千円以下が三五・八％、千円以下が三七・五％という結果でした。二千円以下になれば、さらに普及が進むことでしょう。

《参考文献》

斉藤勝裕『レアメタルのふしぎ』ソフトバンククリエイティブ、二〇〇九年

藤崎　昭ほか『家電製品がわかるⅡ』東京書籍株式会社、二〇〇八年

日経エコロジー、第一二六号、二〇〇九年

シャープ（株）『ＬＥＤ電球総合カタログ』二〇〇九－二〇一〇年

高橋俊介『おもしろサイエンス　照明の科学』日刊工業新聞社、二〇〇八年

公園遊具

金属だって働きすぎると疲労しちゃうんです

レア度 ★★☆☆

SCENE 34

：ただいまー。

：おかえりなさい。

：今日は疲れたなぁー。
先週末の町内運動会で頑張りすぎたせいで、足の筋肉が痛くって。

：筋肉が疲労しているのね。
お風呂に入って、ゆっくり疲れをいやしてくださいね。

：そうさせてもらうよ。

：さっきのニュースで、金属疲労が原因で公園の遊具が壊れたっていってたけど、
金属もパパの筋肉と同じように疲労するの？

近ごろ、公園の遊具で人身事故が発生したというニュースをよく聞きます。そのため、自治体は遊具の見直し点検に追われているようです。その事故の多くは、見た目には大した異状がなくても大きな事故につながる「金属疲労」が原因なのです。

人間は働きすぎたり運動しすぎると筋肉が疲労してしまいますが、実は、金属だって疲労してしまうのです。それが金属疲労です。変形しない程度でも繰り返して金属に力がかかると、少しずつ亀裂が拡大して突然破壊されてしまいます。金属疲労の恐ろしいところは、ある日突然壊れてしまうことです。重い荷物を運ぶクレーンのフックや車両のサスペンションなど、繰り返し力がかかる部品は要注意です。実際に疲労破壊が起こった事例としては、一九八五（昭和六十）年の日航ジャンボ機の後部圧力隔壁の破壊、一九九五（平成七）年の高速増殖炉もんじゅ配管の温度計さや管の破壊など、これまでに数多く発生しています。金属疲労は日常生活でも目にすることができます。例えば、キーホルダーやバックの金具などが突然壊れてしまうことはありませんか？　これらも、開け閉めの際にキーホルダーやバックの金具に繰り返し荷重がかかることが主な原因です。金属疲労が原因の事故として記憶に新しいのは、二〇〇七（平成十九）年五月に大阪府吹田市のエキスポランドで発生した立ち乗りジェットコースターの事故ではないでしょうか？　事故後の鑑定の結果、金属疲労による車軸の破損が事故原因と結論づけられました。

金属疲労は、定期的な検査によって未然に防止できます。具体的には、超音波検査や浸透探傷検査、X線写真などの特殊な機器を用いて、あらかじめ決められた亀裂長さに対して、その進み具合を検査します。検査の結果、規定以上の亀裂が発見された際は、その部品を交換し、疲労破壊に至るのを未然に防ぎます。立ち乗りジェットコースターの事故も、定められた検査を実施していなかったために発生した事故だったようです。

現代は刺激を求めてどんどん過激なアトラクションが多くなっていますが、しっかりとした点検システムを確立し、悲しい事故が二度と起こらないようにして欲しいものですね。

《参考文献》

大澤　直『金属のおはなし』日本規格協会、二〇〇六年
小林英男『まてりあ』第六十六巻第十二号、二〇〇二年

屋根瓦

屋根瓦

レア度　★★☆☆

さびない、軽い、強い。三拍子そろった金属

SCENE 35

：やっぱり東京といえば浅草だよねぇ。

：ママは東京生まれ、下町育ちだから、浅草の下町っぽい雰囲気が好きなんだね。
俺は、もんじゃ焼きや焼きそばなんかの下町の味が好きだね。

：浅草っていうとやっぱり浅草寺《せんそうじ》じゃない？　テレビとかでよく映るし。

：そうだね。

：浅草寺の屋根瓦って、深みのある色で歴史を感じるね。

：「深みのある色」なんて結構しぶいことば知っているじゃない。
でも、あの瓦、実はチタンでできているんだよ。

雨や風から家を守る屋根瓦。屋根瓦といえばイメージするのは粘土瓦ではないでしょうか？　空手家が気合を入れて何十枚もの瓦を一気に割るパフォーマンスからも、瓦といえば粘土瓦をイメージします。しかし、その瓦の材料にも変化が訪れています。二〇一一(平成二十三)年三月十一日に東北地方太平洋沖地震が発生したように、日本は地震列島といわれています。屋根の重量が重いと地震のときに、家屋が地震の揺れで不安定になります。そのため、粘土瓦より軽い瓦が注目され始めています。

瓦の材質は、粘土のほかに、セメントや金属があります。金属瓦の中でも、最近、チタンが注目されています。それには二つの理由があります。

一つ目はその軽さです。チタン瓦一枚の重さは四・三キログラムと粘土瓦の六分の一の重さですので、屋根の重量を軽くすることができます。そのため、チタンの屋根瓦であれば、地震が発生しても家屋が不安定になりにくいのです。

二つ目はその耐久性です。金属製の屋根材としては古くから銅が使われてきました。しかし、最近の酸性雨の影響で、銅の屋根はさびやすくなっています。チタンは、ステンレスやアルミニウムと同様に、その表面は薄くて緻密な透明のさびで覆われていますので、耐食性が抜群に優れています。これら二つの特長から、チタンが浅草寺「宝蔵門」の屋根瓦に採用されました。ちなみに、銀白色にキラキラと反射するような屋根瓦では神社・仏閣の屋根として相応しくないため、日本瓦の風合いを持つ光沢を抑えた仕上げのチタンを開発したそうです。

チタンはさまざまな建築部材に使われており、浅草寺のほかに、福井県那谷寺《なたでら》の屋根、福岡ドーム、宮崎オーシャンドーム、ビックサイトの国際会議棟、東京湾横断道路橋脚があります。軽くてさびないチタンは、地震の発生しやすい日本の家屋や建物にどんどん採用されていきそうですね。

《参考文献》

重石邦彦「いま急成長の手応え、チタン屋根材」『建材情報』第三一七号、二〇〇七年
ルーフシステム（株）ホームページ
（社）日本チタン協会ホームページ

茶道具

レア度 ★☆☆☆

日本の伝統文化を支える南部鉄器

SCENE 36

：ただいま。

：おかえり。今日の茶道教室どうだった。

：静かな中でお茶を点てる。一見、簡単そうなんだけど、何度やってもなかなか奥が深くて難しいね。

：何事も追及するとだんだんその難しさがわかってくるよね。

茶道は単にお茶を点てて飲むだけでなく、庭園や茶室、茶道具などを含む幅広い分野にまたがる総合芸術です。まさに日本の伝統文化といえるでしょう。茶道では、「なり」、「ころ」、「ようす」の三つが重視され、茶道具を選ぶ基準となっているそうです。

「なり」とは茶道具の形、「ころ」とは茶道具の使いやすさ、「ようす」とは茶道具が持っている雰囲気だそうです。このような茶道の美を体現した茶道具の中で、代表的な金属製のモノは湯を沸かす茶釜です。この茶釜について金属の観点から迫ってみたいと思います。

茶釜は、茶席における亭主の代役を務めるといわれ、実に数百種類の形状があります。茶釜の産地は幾つかあり、福岡県の芦屋釜、栃木県の天明釜、京都府の京釜のほか、岩手県の南部鉄器が有名です。南部鉄器は、江戸時代に南部藩で始められた茶釜づくりから発達した鉄鋳物《てついもの》で、今でも盛岡を中心につくり続けられています。その材質は鉄に炭素を二％以上加えた「鋳鉄《ちゅうてつ》」と呼ばれる金属でできており、茶釜は型に溶けた鋳鉄を流し込んで固めてつくったものです。茶釜の材質としては、鋳鉄のほかに、銅やアルミニウムがあります。また、名古屋市の徳川美術館には重量が三キログラム以上もある純金の茶釜が保存されています。

茶道においては、茶釜でお湯を沸かしたときに発する音を楽しむ「煮え鳴り」というものがあります。これは、茶釜底に鉄粉と漆《うるし》を混ぜた金漆で鉄片を固定して、湯を沸かしたときに茶釜と鉄片の隙間から気化した水が上面に上がる際に発する音を楽しむものです。鉄片の大きさや数、鉄片の隙間など、微妙なバランスで発する音が変化するそうです。なお、煮え鳴りがする茶釜を片付ける際は、茶釜の底にある鉄片の隙

間にある水分を十分乾燥させないとさびが生じやすくなりますので、ご注意ください。

南部鉄器でできた鋳鉄製品は、茶釜のほかに風鈴や鉄瓶があります。南部鉄器の風鈴は素朴なやさしい音色で有名で、ＪＲ東日本の水沢駅は毎年夏になるとホームに風鈴が吊るされ乗客を楽しませていることから「風鈴駅」の別名を持っています。

茶道の世界とは全くの無縁だった私ですが、茶釜について調べているうちに茶道の奥深さを垣間見ることができました。日本男子として、茶道を究めてみようかなぁ。

《参考文献》

谷　昇『茶の湯の文化』淡交社、二〇〇五年
堀江　皓『南部鉄器』理工学社、二〇〇〇年
(社)日本鉄鋼協会『ふぇらむ』第五巻第七号、二〇〇〇年
岩手日日新聞社ホームページ

シンバル

レア度 ★☆☆☆

SCENE 37

「シャーン」という音の秘密

：さっきはびっくりした。静かな音楽が流れていると思ったら、突然、シンバルの音が鳴るもんだから。

：せっかく来たクラシックコンサートなのに、ろくに聞かずに寝てたんじゃないの？

：ばれましたか。

シンバル

オーケストラやジャズの演奏で欠かせない打楽器であるシンバル。あの「シャーン」という音が演奏中にタイミングよく鳴ることでよいアクセントになりますね。このシンバルについて金属の観点から迫ってみたいと思います。

シンバルは歴史ある楽器の一つで、さまざまなシンバルがオーケストラやジャズバンドで使われています。具体的には、オーケストラ用のシンバルは、その厚さの増す順にフランス、ウィーン、ドイツと区別されており、ジャズ用のシンバルは、クラッシュ、ライド、スウィシュ、スプラッシュ、ピン、パンという呼び名で区別されています。

シンバルは、その大きさや形状、材料、つくり方によって音質が異なります。

シンバルの直径は二十センチメートルから七十四センチメートルまでのものがあります。また、その形状は、中心に小さな半球の付いた皿型や偏平なドーム型もあります。シンバルの材料は銅を基本とする金属で、高級なシンバルは銅に錫《すず》が入った青銅でできており、安価なシンバルは銅に亜鉛の入った真鍮《しんちゅう》製のものです。青銅でできたシンバルには幾つかの種類があり、錫の添加量によって音が異なります。ポピュラー音楽に用いるシンバルは八％の錫が入ったもの、ジャンルを問わずに使用されているのは一〇％の錫が入ったものだそうです。錫が二〇％入ったものが昔からつくられてきた伝統的なもののようです。錫の添加量による音色の違いは、東洋と西洋の鐘の音の違いと同じですね（※詳細は「お寺とチャペルの鐘／東洋の鐘の音は『ゴーン』、西洋の鐘の音は『カランカラン』」を参照）。

シンバルづくりで昔から有名なのは、ヨーロッパ文化とアジア文化が融合するトルコです。シンバルのつくり方は、まず原料となる金属を高温で溶かして所定の割合で混ぜ合わせて、シンバル一枚分に相当する金属の塊をつくります。次に、回転するロー

ルの間に潜らせて、薄い板状に延ばします。その後、カップ状に成形した後、音づくりのために表面を叩きます。その後、表面を削って、シンバルはでき上がります。

よいシンバルは金属的な音ではなく、「シャーン」と柔らかい音がするそうです。その音を決めるのが、表面を叩いたり削ったりする作業です。表面を叩いたり削ったりすることによって生まれる微妙な凹凸が、シンバルの振動に影響を与え、音色の違いを醸し出します。私の場合、シンバルの音は、妻に連れてこられたクラシックコンサートでよい眠気覚ましになっていました。次回、オーケストラを聴くときには、シンバルの音色をしっかりと聴いてみたいと思います。

《参考文献》

N・H・フレッチャー、T・D・ロッシング（騎士憲史ほか訳）『楽器の物理学』シュプリンガー・フェアラーク東京、二〇〇二年

黒沢隆朝『図解　世界楽器大事典』雄山閣、二〇〇五年（普及版）

北海道新聞ホームページ「道新小学生新聞フムフム」二〇〇三年七月十九日

（社）日本銅センター『銅』第一六八号、二〇〇九年

The Avedis Zildjian Company Inc. HP

使い捨てカイロ

レア度 ★★☆☆

SCENE 38

わが身をさびさせながらあなたを暖めます

：今日、体育館で全校集会があるんだけど、冬の体育館って寒くって。

：この間買った使い捨てカイロ持って行ったら?

：それじゃ、持って行くわ。

：僕も持って行きたいよ。

：いいわよ。あなたも持って行きなさい。

：使い捨てカイロって暖かくて便利だけど、袋の中には何が入っているの?

袋から出してもむとホカホカと暖かくなる使い捨てカイロ。冬の寒い時期には欠かせない商品の一つです。ところで、袋から出してもむだけでどうして暖かくなるのでしょうか? この不思議な使い捨てカイロの原理について、金属の観点から迫ってみたいと思います。

日本発の使い捨てカイロは一九七八(昭和五十三)年に誕生しました。その開発の発端は、お菓子の脱酸素剤の研究だったそうです。油を含むお菓子は酸化しやすいため、消費者の手元に届くまでに変質してしまわないよう、鉄の酸化を利用した脱酸素剤の研究が行われました。そこで大型の脱酸素剤をつくってみると非常に熱くなっていることがわかりました。これが使い捨てカイロの研究の発端です。

使い捨てカイロの内袋には、鉄粉、水、食塩が入っており、外袋で密封されています。使うときに外袋の封を切ると、内袋の中身が空気にさらされて、鉄粉と水と食塩が反応し、鉄粉がさび始めます。この鉄の酸化の際に発生する熱を利用したのが使い捨てカイロなのです。金属が本来の酸化物に戻ろうとする性質を上手く利用しているのですね(※詳しくは、「ナイフ・フォーク・スプーン/さびない金属『ステンレス』、実はさびている!」を参照)。

でも、鉄くぎがさびても熱いと感じることはありませんよね。カイロの鉄粉のさびと鉄くぎのさびのどこが違うのでしょうか? 実は、鉄くぎがさびる際も熱は発生しています。でも、そのさび方がゆっくりなために熱を感じることがありません。一方、使い捨てカイロは、速くさびが進むように細かくて凹凸の大きい鉄粉が使われていま

す。そのために、袋から出してもむとすぐにホカホカと暖かくなるのです。でも、いくら発熱が速くても、その熱が持続しないとカイロとして使用できませんよね。そこで、鉄粉の酸化に必要な酸素が一定量だけ供給されるように、カイロの内袋には無数の小さな穴が開いており、鉄粉の酸化が持続するように工夫されています。鉄粉の形状や大きさ、内袋に開いた小さな穴など、色々な工夫があってこその使い捨てカイロなんですね。

カイロは漢字で「懐炉」と書き、暖めた石を懐に入れた江戸時代までの「温石《おんじゃく》」がルーツといわれています。自分をさびさせながら人を暖めるカイロ。まるで私のようですね（笑）。ちなみに、十二月一日は「カイロの日」だそうですよ。

《参考文献》

日刊工業新聞社「カイロ」『モノづくり解体新書　三の巻』一九九三年

日刊工業新聞社MOOK編集部『身近なモノの履歴書を知る事典』日刊工業新聞社、二〇〇二年

花形康正『暮らしの中の面白科学』ソフトバンククリエイティブ、二〇〇六年

ロッテ健康産業（株）ホームページ

日本カイロ工業会ホームページ

アルミホイル

アルミホイル

レア度 ★★★☆

アルミホイルをかんだらピリッ！　何で？

SCENE 39

：うわっ！

：どうしたの？

：フライドチキンに巻いてあるアルミホイルをかんじゃったら、なんか口の中がピリッとしちゃった。

：そういえば、お前、たしか虫歯の治療で金属製の詰め物を入れたよな？

：それと何が関係あるの？

：金属製の詰め物を入れたこととアルミホイルをかんでピリッとしたことには関係あるんだよ！

：？？？

自由自在に形を変えられるアルミホイル。お弁当のおにぎりを包んだり、魚をホイル焼きにしたりと、アルミホイルはクッキングラップと並んで料理に欠かせないモノの一つとなっています。このアルミホイルを誤ってかんで「ピリッ」と感じたことはありませんか？　この嫌な違和感の原因について、金属の観点から迫ってみたいと思います。

アルミホイルが日本でつくられるようになったのは今から約六十年前の一九五〇(昭和二十五）年です。アルミホイルの厚さは、種類によって異なりますが約百分の一ミリメートル、髪の毛の太さの約八分の一です。この驚きの薄さは、アルミニウムをロールで引き延ばす高度な技術で実現しました。

まずは「スラブ」と呼ばれるアルミニウムの塊を、まるでうどん生地をめん棒で延ばすようにロールで薄くしていきます。さらに、熱を加えながらより薄くしていきます。そして、最終的な薄さになるように上下のロールで延ばす際にアルミホイルを二枚重ねて薄くします。アルミホイルの裏と表をよく見てください。表裏で光沢が違いますよね。光っているほうがロールに接した面で、くすんだ色をしたほうがアルミホイルの重なった面です。

では、アルミホイルをかんでしまうと、なぜ「ピリッ」と感じてしまうのでしょうか？　これは、唾液を介して口の中の金属製の詰め物とアルミホイルとの間に電流が流れた

ためです。スプーンやフォークをかんだときの違和感も同じ現象です。異なる二種類の金属が電流を通す溶液中にあると電流が発生します。この現象は電池の基本原理であり、科学的には「ガルバニック電流」と呼ばれています。

このガルバニック電流はお口の中以外に身近なところでも発生しています。例えば、ステンレス製お鍋に残り物があったときに、乾燥しないようにアルミホイルをお鍋にかぶせていることはありませんか？　そんなときは要注意です。お鍋の残り物を介してステンレス製お鍋とアルミホイルとの間にガルバニック電流が発生し、場合によってはアルミホイルが溶けてしまう可能性があります。口の中やお鍋は小さな発電所って感じでしょうか？

《参考文献》

日刊工業新聞社「アルミ箔」『モノづくり解体新書　二の巻』一九九二年
（社）軽金属学会『アルミニウムの製品と製造技術』二〇〇一年

お寺とチャペルの鐘

レア度　★★★☆

東洋の鐘の音は「ゴーン」、西洋の鐘の音は「カランカラン」

SCENE 40

TV：「今年の紅白歌合戦は白組が優勝しました。それでは、来年もよいお年に。」

：今年もＮＨＫの紅白歌合戦、終わったね。

：紅白歌合戦の次の番組は「ゆく年くる年」。子どものときから眠い目をこすりながら、「ゆく年くる年」を見ているんだよねぇ～。

TV：「ゴ～ン。ゴ～ン。」

TV：「こちらは福井県の永平寺。今年も残すところあとわずかとなりました。」

：これ、これ！　この除夜の鐘の音！　これを聞くと、いよいよ今年も終わりって感じだよね。来年もよろしくね。パパ！

ところで、チャペルで鳴る鐘の音は、お寺の鐘の音と比べてかなり高音で軽い音だよね？　これって、同じ鐘だけど何か違いがあるの？

百八の煩悩を清めるために百八回鐘を撞く除夜の鐘は、年末から年始にかけて行われる年中行事の一つで、その鐘の音は日本人の心を和ませてくれます。除夜の鐘で撞くお寺の鐘について金属の観点から迫ってみたいと思います。

一般的にお寺やチャペルの鐘は、「青銅」と呼ばれる銅でできています。青銅は銅に錫《すず》を混ぜ合わせた金属で、「ブロンズ」ともいわれます。美術館に展示されている銅像のことをブロンズ像って呼びますよね。

青銅は紀元前四〇〇〇年ごろから使用されている最も歴史のある金属です。紀元前一〇〇〇年ごろの古代中国の周時代に書かれた『周礼考工記《しゅうらいこうこうき》』に、銅に混ぜ合わせる錫の量によって青銅を六種類に分けた「金の六斉」が記されています。例えば、錫を一四％含む青銅は鐘や金属製の器、二〇％含むものは矛、二五％含むものは刃物、という具合にです。また、次のように青銅のつくり方についても詳しく書かれているそうです。

「まず、黒濁の炎の出具合で、地金に含まれる不純分を十分に追い出し、

続いて出る黄白色の炎の具合で銅の溶け落ち状態を知る。

このようにして銅と錫が十分に溶け合った状態で、鋳造を開始するとよい。」

今でこそさまざまな規格、例えば日本工業規格（ＪＩＳ）などで金属の種類が取り決められており、また、技術書には金属の製法が書かれていますが、紀元前一〇〇〇年ごろに金属の種類やその製法が書かれていたとは驚きですね。日本のお寺の鐘の成分を調べると、混ぜ合わせた錫の量は「金の六斉」どおりいずれも一四％以下です。

これに対して、チャペルの鐘は錫が二〇％以上のものが大部分で、「金の六斉」の矛や刃物と同じ錫の量です。金属は、混ぜ合わせる別の金属の量が多ければ多いほど硬くなる性質があります。そのため、日本の鐘と比べて西洋の鐘は硬くてなっています。このように金属の硬さが異なるために、お寺の鐘の音は低音の「ゴーン」、チャペルの鐘の音は高音の「カランカラン」、という異なる音色を響かせます。また、金属は硬くなるほど脆《もろ》くなります。そのためチャペルの鐘は、撞きすぎると割れてしまいます。アメリカ独立百五十年記念切手には、割れてヒビの入った自由の鐘が描かれています。洋の東西を問わず、厳粛な場所で鐘を鳴らすのは人類共通のようです。でも、日本人はお寺の重厚な鐘の音「ゴーン」を聞いて、西洋人はチャペルの高い鐘の音「カラ

ンカラン」を聞いてそれぞれの思いを抱きます。

《参考文献》

長崎誠三『科学する眼』（株）アグネ技術センター、二〇〇六年
Truckley L. R. : Materials Evaluation, Vol.6, No.9, 2003
金属資源開発調査企画グループ『金属資源レポート』（独）石油天然ガス・金属鉱物資源機構、二〇〇五年
戸井武司『トコトンやさしい音の本』日刊工業新聞社、二〇〇四年

著者略歴

吉村　泰治（よしむら・やすはる）　博士（工学）、技術士（金属部門）

一九六八年五月　石川県白山市生まれ
一九九四年三月　芝浦工業大学大学院　工学研究科修了（金属工学専攻）
一九九四年四月〜　ＹＫＫ株式会社　勤務
二〇〇四年一月〜　銅及び銅合金技術研究会研究助成テーマ選考委員
二〇〇四年九月　東北大学大学院　工学研究科博士後期過程修了（材料物性学専攻）
（社）日本金属学会　技術開発賞受賞
二〇一〇年五月〜　日本伸銅協会　技術委員会委員
二〇一〇年七月　技術士（金属部門）登録（登録番号　第71778号）

パパは金属博士！　身近なモノに隠された金属のヒミツ

定価はカバーに表示してあります。

2012年4月25日　1版1刷発行　　ISBN978-4-7655-4471-9 C0057

著　者　吉村泰治
発行者　長　滋彦
発行所　技報堂出版株式会社
〒101-0051　東京都千代田区神田神保町1-2-5
電　話　営　業（03）（5217）0885
　　　　編　集（03）（5217）0881
　　　　F A X（03）（5217）0886
振替口座　00140-4-10
http://gihodobooks.jp/

日本書籍出版協会会員
自然科学書協会会員
工学書協会会員
土木・建築書協会会員

Printed in Japan

装幀：田中邦直　イラスト：尾崎早映
印刷・製本：昭和情報プロセス